Diovana de Mello Lalis
Andrew Schaedler

FÍSICA INDUSTRIAL

intersaberes

Rua Clara Vendramin, 58 . Mossunguê . CEP 81200-170 . Curitiba . PR . Brasil
Fone: (41) 2106-4170
www.intersaberes.com
editora@intersaberes.com

Conselho editorial
Dr. Alexandre Coutinho Pagliarini
Drª Elena Godoy
Dr. Neri dos Santos
Dr. Ulf Gregor Baranow

Editora-chefe
Lindsay Azambuja

Gerente editorial
Ariadne Nunes Wenger

Assistente editorial
Daniela Viroli Pereira Pinto

Edição de texto
Caroline Rabelo Gomes
Novotexto

Capa
Débora Gipiela (*design*)
voyata/Shutterstock (imagem)

Projeto gráfico
Débora Gipiela (*design*)
Maxim Gaigul/Shutterstock (imagens)

Diagramação
Muse design

Iconografia
Maria Elisa Sonda
Regina Claudia Cruz Prestes

Dados Internacionais de Catalogação na Publicação (CIP)
(Câmara Brasileira do Livro, SP, Brasil)

Lalis, Diovana de Mello
    Física industrial/Diovana de Mello Lalis, Andrew Schaedler. Curitiba: InterSaberes, 2022. (Série Dinâmicas da Física)

    Bibliografia.
    ISBN 978-65-5517-146-4

    1. Física 2. Indústria 3. Mecânica dos fluidos 4. Termodinâmica 5. Transferência de calor I. Schaedler, Andrew. II, Título. III. Série.

22-111069   CDD-530

Índices para catálogo sistemático:
1. Física   530

Cibele Maria Dias – Bibliotecária – CRB-8/9427

1ª edição, 2022.

Foi feito o depósito legal.

Informamos que é de inteira responsabilidade dos autores a emissão de conceitos.

Nenhuma parte desta publicação poderá ser reproduzida por qualquer meio ou forma sem a prévia autorização da Editora InterSaberes.

A violação dos direitos autorais é crime estabelecido na Lei n. 9.610/1998 e punido pelo art. 184 do Código Penal.

Sumário

Apresentação 5
Como aproveitar ao máximo este livro 8

1. **Princípios da física industrial** 11

   1.1 Física industrial 12
   1.2 Transporte de fluidos 15
   1.3 Conceito de fluido 19
   1.4 Fenômenos de transporte de fluidos: elementos básicos 20
   1.5 Sistema Internacional de Unidades (SI) 33

2. **Operações unitárias** 35

   2.1 Introdução às operações unitárias 37
   2.2 Conceitos e fundamentos básicos 41
   2.3 Operações unitárias mecânicas 49
   2.4 Operações unitárias de transferência de massa 52
   2.5 Processos produtivos 58

3. **Misturas** 65

   3.1 Classificação da matéria 66
   3.2 Características gerais das misturas 67
   3.3 Misturas homogêneas 68
   3.4 Misturas heterogêneas 70
   3.5 Processos de mistura 73
   3.6 Processo de agitação 81

4. **Separação de misturas** 89

   4.1 Conceito de separação 90
   4.2 Filtração 91
   4.3 Centrifugação 98
   4.4 Tamisação 102
   4.5 Moagem 108

5. **Princípios de transferência de calor** 119

   5.1 Transferência de calor: conceitos e aplicações 120
   5.2 Um pouco de história sobre transferência de calor 123
   5.3 O calor e a energia interna dos corpos 124
   5.4 Primeira lei da termodinâmica 130
   5.5 Como ocorre a transferência de calor 133
   5.6 Mecanismos simultâneos de transferência de calor 152

6. **Trocadores de calor** 155

   6.1 Conceitos e definições gerais 156
   6.2 Problemas comuns em trocadores de calor 159
   6.3 Tipos de trocadores de calor 161
   6.4 Trocadores de calor mais utilizados 167
   6.5 Coeficiente global de transferência de calor 176
   6.6 Resistência térmica 177
   6.7 Seleção de trocadores de calor 182

Considerações finais 187
Referências 188
Sobre os autores 191

Apresentação

A física, antes temida, hoje é vista como um pilar para a construção de saberes, sendo uma disciplina cada vez mais constante na vida dos indivíduos. Nesta obra, abordaremos uma de suas subdivisões: a física industrial.

Vale destacar que esse conteúdo é amplo, motivo pelo qual tornou-se necessário realizar escolhas, assumindo riscos de tratar de temas que julgamos serem mais relevantes nessa disciplina.

Nesse sentido, construímos relações de conceitos, constructos e práxis envolvendo a física industrial, ou seja, estabelecemos uma rede de significados entre saberes, experiências e práticas, assumindo que tais conhecimentos estão em constante processo de transformação.

Assim, os seis capítulos que integram este livro reúnem contribuições da cognição/educação da informação, suas regras e estética, como fatos sobre conceitos, características, equações, casos, entre outros campos do conhecimento.

No Capítulo 1, apresentaremos a importante área de fenômenos de transporte dos fluidos, demonstrando como uma massa é transportada por um meio sólido ou de deformação contínua, bem como a quantidade de movimento e energia envolvidos nesse processo. Esse estudo compreende áreas como a termodinâmica,

a mecânica dos fluidos e a transferência de calor, buscando entender, por meio de modelos matemáticos, como grandezas físicas são transferidas de um ponto a outro do espaço e os mecanismos básicos que regem tais transferências.

No Capítulo 2, focaremos na utilização das operações unitárias, área presente maciçamente nas indústrias que contam com processos químicos e de separação de sólidos.

No Capítulo 3, abordaremos as misturas, elucidando o que é uma mistura, a diferença entre ligas metálicas, emulsões, soluções, suspensões e coloides, o porquê de classificar as misturas em diferentes tipos e a diferença entre misturas homogênea e heterogênea. Além disso, conferiremos diferentes tipos de agitadores, como eles funcionam, para que servem, quais as melhores aplicações para cada um e os fatores a se considerar ao escolhê-los. Ainda, para termos uma visão industrial, discutiremos sobre os tipos de processo e os controles necessários para uma produção em larga escala de misturas geradas por agitação.

No Capítulo 4, abordaremos os processos de separação de misturas, mais especificamente a filtragem, a centrifugação, a tamisação e a moagem, identificando como cada um deles funciona e quais os equipamentos mais utilizados para realizá-los.

No Capítulo 5, discorreremos sobre os princípios de transferência de calor e a esterilização para, no Capítulo 6, abordar aspectos relacionados a equipamentos denominados *trocadores de calor*, de modo a identificar seus tipos, suas aplicações e diferenças e entender como selecioná-los de acordo com cada processo.

Tendo elucidado alguns aspectos epistemológicos, é necessário esclarecer que o estilo de escrita adotado é influenciado pelas diretrizes da redação acadêmica.

A vocês, estudantes e pesquisadores, desejamos excelentes reflexões.

Boa leitura!

Como aproveitar ao máximo este livro

Empregamos nesta obra recursos que visam enriquecer seu aprendizado, facilitar a compreensão dos conteúdos e tornar a leitura mais dinâmica. Conheça a seguir cada uma dessas ferramentas e saiba como elas estão distribuídas no decorrer deste livro para bem aproveitá-las.

Introdução do capítulo
Logo na abertura do capítulo, informamos os temas de estudo e os objetivos de aprendizagem que serão nele abrangidos, fazendo considerações preliminares sobre as temáticas em foco.

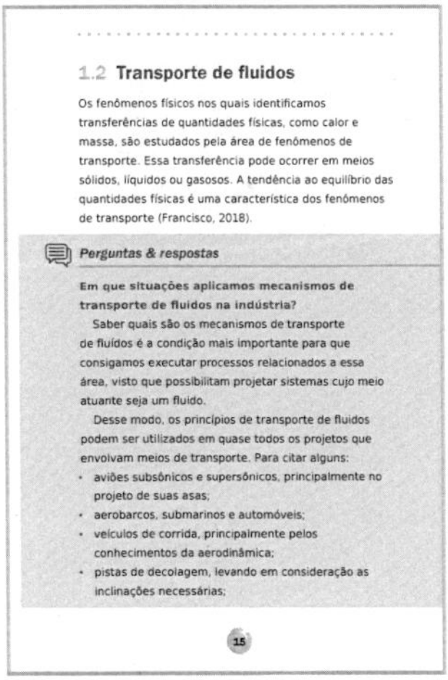

1.2 Transporte de fluidos

Os fenômenos físicos nos quais identificamos transferências de quantidades físicas, como calor e massa, são estudados pela área de fenômenos de transporte. Essa transferência pode ocorrer em meios sólidos, líquidos ou gasosos. A tendência ao equilíbrio das quantidades físicas é uma característica dos fenômenos de transporte (Francisco, 2018).

Perguntas & respostas

Em que situações aplicamos mecanismos de transporte de fluidos na indústria?

Saber quais são os mecanismos de transporte de fluidos é a condição mais importante para que consigamos executar processos relacionados a essa área, visto que possibilitam projetar sistemas cujo meio atuante seja um fluido.

Desse modo, os princípios de transporte de fluidos podem ser utilizados em quase todos os projetos que envolvam meios de transporte. Para citar alguns:

- aviões subsônicos e supersônicos, principalmente no projeto de suas asas;
- aerobarcos, submarinos e automóveis;
- veículos de corrida, principalmente pelos conhecimentos da aerodinâmica;
- pistas de decolagem, levando em consideração as inclinações necessárias;

15

Perguntas & respostas

Nesta seção, respondemos às dúvidas frequentes relacionadas aos conteúdos do capítulo.

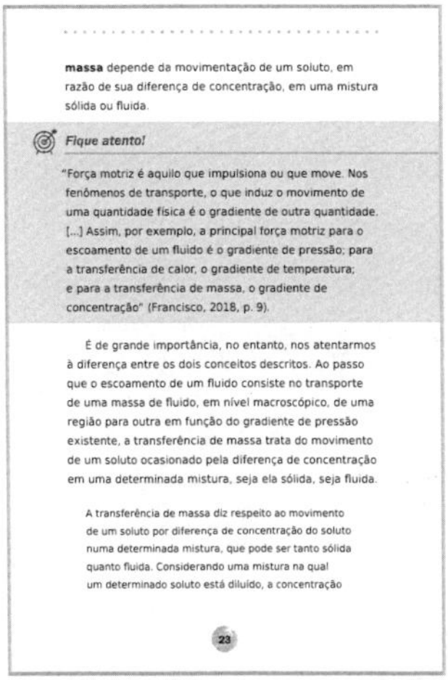

massa depende da movimentação de um soluto, em razão de sua diferença de concentração, em uma mistura sólida ou fluida.

Fique atento!

"Força motriz é aquilo que impulsiona ou que move. Nos fenômenos de transporte, o que induz o movimento de uma quantidade física é o gradiente de outra quantidade. [...] Assim, por exemplo, a principal força motriz para o escoamento de um fluido é o gradiente de pressão; para a transferência de calor, o gradiente de temperatura; e para a transferência de massa, o gradiente de concentração" (Francisco, 2018, p. 9).

É de grande importância, no entanto, nos atentarmos à diferença entre os dois conceitos descritos. Ao passo que o escoamento de um fluido consiste no transporte de uma massa de fluido, em nível macroscópico, de uma região para outra em função do gradiente de pressão existente, a transferência de massa trata do movimento de um soluto ocasionado pela diferença de concentração em uma determinada mistura, seja ela sólida, seja fluida.

A transferência de massa diz respeito ao movimento de um soluto por diferença de concentração do soluto numa determinada mistura, que pode ser tanto sólida quanto fluida. Considerando uma mistura na qual um determinado soluto está diluído, a concentração

23

Fique atento!

Ao longo de nossa explanação, destacamos informações essenciais para a compreensão dos temas tratados nos capítulos.

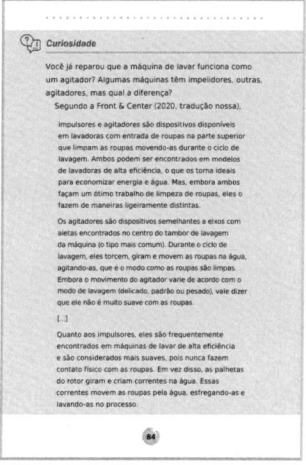

Curiosidade
Nestes boxes, apresentamos informações complementares e interessantes relacionadas aos assuntos expostos no capítulo.

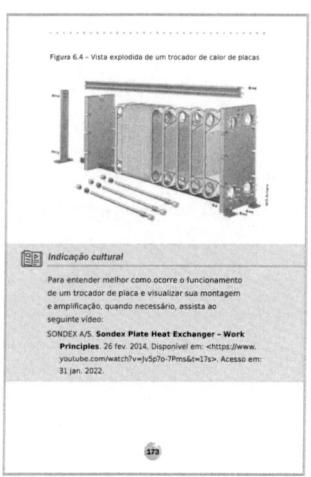

Indicação cultural
Para ampliar seu repertório, indicamos conteúdos de diferentes naturezas que ensejam a reflexão sobre os assuntos estudados e contribuem para seu processo de aprendizagem.

Princípios da física industrial

A física industrial utiliza-se de conhecimentos e princípios da física para projetar e fabricar produtos e serviços. Conhecimentos relacionados a fenômenos de transporte são muito utilizados em diferentes áreas da engenharia, como escoamento em tubulações e máquinas hidráulicas, sistemas produtivos de petróleo e de gás, projetos de aerodinâmica de automóveis, entre outras. Esses fenômenos, aplicados à mecânica, também estão presentes em inúmeros aspectos de nosso cotidiano, por exemplo, em equipamentos que realizam troca de calor, como ares-condicionados e carros (Francisco, 2018).

O meio industrial tem como base essa área de conhecimento, sendo sua contribuição quase imensurável para os avanços tecnológicos e econômicos da atualidade.

1.1 Física industrial

A física industrial atua por meio dos princípios físicos fundamentais, as leis que regem o comportamento eletrônico, nuclear, mecânico, elétrico, magnético, acústico, térmico e de radiação de substâncias físicas, para conceituar, projetar e fabricar produtos e sistemas físicos, bem como compreender seu uso e impacto.

O sucesso da tecnologia moderna é construído sobre uma base de inovações na física, de maneira direta ou indireta, mas, de algum modo, os físicos industriais acabam sendo os catalisadores para que isso aconteça. Por um lado, falamos dos físicos que atuam em empresas como pesquisadores, *designers* de produto, gerentes, diretores de pesquisa e empresários; por outro, referimo-nos também a engenheiros, químicos, cientistas de materiais, técnicos e outros profissionais que usam princípios físicos experimentais e/ou teóricos em suas profissões.

Alguns exemplos de inovações tecnológicas advindas de conhecimentos da física industrial são a energia nuclear, que surgiu após a Segunda Guerra Mundial, o transistor, que permitiu tanto que potências elétricas quanto sinais elétricos fossem trocados ou ampliados, o *laser*, que possibilitou aos estudos de óptica física e geométrica avançarem exponencialmente, além de muitos outros.

Segundo Cruz (2005, p. 47, grifo do original):

> O impulso da física ao desenvolvimento industrial fez com que grandes empresas como a Bell Telephone (depois AT&T e, depois ainda, Lucent Technologies), a IBM e a GE dedicassem grande parte de seu esforço de P&D [pesquisa e desenvolvimento] ao estudo de áreas da física, especialmente a física do estado sólido.
> [...]
> Os idealizadores dos Bell Labs tinham muita clareza sobre a importância da física para o desenvolvimento de seu negócio, e um interessante e surpreendentemente atual relato sobre as ideias seminais para a P&D industrial estão no artigo de Frank Jewett, um de seus criadores, publicado em 1919 e de J.J Carty, seu precursor. Diz Carty em seu discurso na reunião anual de engenheiros elétricos:

"Com o desenvolvimento da energia, da tração e da luz elétricas, após a invenção do telefone, alguns dos grandes fabricantes de materiais elétricos criaram laboratórios de pesquisa científica industrial que obtiveram reputação mundial. Vastas somas são gastas anualmente em pesquisa industrial nesses laboratórios. Mas posso dizer com autoridade que eles retribuem, a cada ano, com melhoramentos à arte nas empresas. Somados, eles têm um valor muitas vezes maior que o custo total de sua produção. **Dinheiro gasto em pesquisa industrial apropriadamente dirigida, realizada sob princípios científicos, certamente traz às empresas um retorno muito generoso.**"
[...]
Trabalhos de pesquisa fundamental como esses requerem laboratórios diferentes dos laboratórios usuais de trabalho e pesquisadores diferentes daqueles empregados num laboratório puramente industrial. Significam um laboratório grande, equipado com esmero e com equipe de peso, empenhada por muitos anos em trabalho que não trará remuneração, e que, por um tempo considerável, não chegará a nenhum resultado que possa ser aplicado pelo fabricante.

A física do estado sólido, mencionada por Cruz (2005), resultou no desenvolvimento de setores de microeletrônica e de semicondutores – atualmente, uma parcela relevante da economia global está relacionada, direta ou indiretamente, a inovações em microeletrônica e semicondutores.

1.2 Transporte de fluidos

Os fenômenos físicos nos quais identificamos transferências de quantidades físicas, como calor e massa, são estudados pela área de fenômenos de transporte. Essa transferência pode ocorrer em meios sólidos, líquidos ou gasosos. A tendência ao equilíbrio das quantidades físicas é uma característica dos fenômenos de transporte (Francisco, 2018).

 Perguntas & respostas

Em que situações aplicamos mecanismos de transporte de fluidos na indústria?

Saber quais são os mecanismos de transporte de fluídos é a condição mais importante para que consigamos executar processos relacionados a essa área, visto que possibilitam projetar sistemas cujo meio atuante seja um fluido.

Desse modo, os princípios de transporte de fluidos podem ser utilizados em quase todos os projetos que envolvam meios de transporte. Para citar alguns:
- aviões subsônicos e supersônicos, principalmente no projeto de suas asas;
- aerobarcos, submarinos e automóveis;
- veículos de corrida, principalmente pelos conhecimentos da aerodinâmica;
- pistas de decolagem, levando em consideração as inclinações necessárias;

- órgãos artificiais que envolvam transporte de fluidos, como o sistema circulatório (coração) e o sistema respiratório (pulmões);
- sistemas de propulsão, como os usados em voos espaciais;
- máquinas de fluxo, como bombas;
- sistemas de lubrificação de equipamentos;
- sistemas de aquecimento e de refrigeração para imóveis.

De acordo com Bird, Stewart e Lightfoot (2004), os fenômenos de transportes de fluidos devem ser bem compreendidos por aqueles que lidam, de alguma forma, com "transmissão" de calor, quer por se atentarem a temas como calorimetria e termodinâmica, quer por se interessarem por fatores como massa, movimento e estática de fluidos.

Assim, essa área de estudo refere-se ao transporte de calor e massa, mantendo a distinção entre os fenômenos, bem como ao estudo e à análise de diferentes modos de aplicá-los nos campos práticos (Bird; Stewart; Lightfoot, 2004).

A quantidade de possibilidades de aplicação dessa área de estudos é imensurável. Grandes revoluções na engenharia dependem desses fatores, que estão relacionados intrinsecamente aos tipos e às funções dos materiais e à relação dos ambientes com os instrumentos de trabalho.

1.2.1 Breve histórico do estudo de transporte de fluidos

Confira o Quadro 1.1, a seguir, que apresenta a evolução dos estudos sobre fenômenos de transporte e alguns dos pesquisadores que a influenciaram.

Quadro 1.1 – Evolução do conhecimento sobre fenômenos de transporte e grandes nomes

Arquimedes (285–212 a.C.)	Postulou a lei do paralelogramo para adição de vetores e as leis de flutuabilidade e aplicou-as a objetos flutuantes e submersos.
Leonardo da Vinci (1452–1519)	Estabeleceu a equação de conservação de massa em escoamento em estado estacionário unidimensional. Realizou experimentos envolvendo ondas, jatos, saltos hidráulicos, formação de redemoinhos, entre outros.
Edme Mariotte (1620–1684)	Construiu o primeiro túnel de vento e testou modelos com ele.
Isaac Newton (1642–1727)	Postulou suas leis de movimento e a lei da viscosidade dos fluidos lineares, atualmente nomeados *newtonianos*. A teoria primeiro produziu a suposição sem atrito, proporcionando belas soluções matemáticas.
Leonhard Euler (1707–1783)	Desenvolveu as equações diferenciais do movimento e sua forma integral, conhecida como *equação de Bernoulli*.

(continua)

(Quadro 1.1 – conclusão)

William Froude (1810–1879) e seu filho Robert (1846–1924)	Desenvolveram leis de teste de modelo.
Lord Rayleigh (1842–1919)	Propôs a técnica de análise dimensional.
Osborne Reynolds (1842–1912)	Publicou o clássico experimento do tubo e mostrou a importância do adimensional número de Reynolds, nomeado em sua homenagem.
Navier (1785–1836) e Stokes (1819–1903)	Adicionaram termos viscosos newtonianos à equação do movimento, ou seja, o fluido à equação que rege o movimento, o que gerou a equação de Navier-Stokes, nomeada em homenagem a eles.
Ludwig Prandtl (1875–1953)	Apontou que fluxos de fluidos com pequena viscosidade, como fluxos de água e de ar, podem ser divididos em uma fina camada viscosa (ou camada limite) – perto de superfícies sólidas e interfaces –, ligada a uma camada externa que pode ser considerada não viscosa, em que as equações de Euler e Bernoulli se aplicam.

Fonte: Elaborado com base em White, 2011.

Esse panorama da área de fenômenos de transporte nos informa alguns dos principais fatos e pessoas que colaboraram para que nosso estudo (e conhecimento) hoje seja possível.

1.3 Conceito de fluido

Em geral, costuma-se associar líquidos a fluidos, mas, na verdade, o conceito de fluido engloba tanto líquidos quanto gases. De acordo com Bird, Stewart e Lightfoot (2004), um dos critérios mais adotados para distinguir líquidos de gases é a capacidade dos gases de preencher por completo o recipiente em que forem armazenados, ao contrário dos líquidos.

Segundo White (2011), **líquidos** são substâncias cujas moléculas estão submetidas a forças coesivas e, por isso, mantêm-se compactadas. Por serem pouco compreensíveis, em geral, têm volume constante. Ao mesmo tempo, quando sofrem a influência de um campo gravitacional, resultam em superfícies livres. Tomando como exemplo um copo de água, observamos que a superfície do líquido se mostra lisa, ao passo seu conteúdo restante se moldará à forma do recipiente, independentemente de qual seja (White, 2011).

Por sua vez, **gases** contêm moléculas muito mais espaçadas do que as dos líquidos. Isso acontece porque as forças coesivas que agem sobre tais moléculas são muito pequenas, quase nulas. Assim, a tendência de um gás é a de se expandir até algum tipo de resistência limite. Vemos isso, por exemplo, quando enchemos balões de festa: ao assoprarmos a boca de um balão, injetamos ar em seu interior, o que o faz assumir uma aparência mais arredondada. Nesse caso, a resistência do material de que o balão é feito é o limite da expansão do gás injetado em seu interior. Logo, se as forças coesivas que atuam sobre as moléculas dos gases são fracas, em estado natural, eles não apresentam nem forma nem volume definidos (White, 2011).

1.4 Fenômenos de transporte de fluidos: elementos básicos

Quando trabalhamos no escopo da grande área da engenharia, não raramente lidamos com a interação entre fluidos e sólidos – mais acertadamente, estruturas sólidas. A área que se dedica ao estudo de tais interações é chamada de *mecânica dos fluidos*, que busca estabelecer as leis de acordo com as quais os fluidos se comportam, visando propor soluções ótimas para os contextos em que devem ser empregados (Francisco, 2018).

Para abordar diferentes conceitos relacionados a fenômenos de transporte dos fluidos, o que constitui o objetivo desta subseção, veremos, antes, a efetivação dos processos de transferência de quantidade de movimento, calor e massa, que são a base necessária para a efetiva compreensão do conhecimento proposto.

Para facilitar a compreensão da **transferência de quantidade de movimento**, suponha que uma placa de madeira qualquer esteja posicionada sobre a superfície de uma piscina. Imagine que a força do vento conduz essa placa deslizando-a para certa direção sobre a superfície da piscina. Nessas condições, conforme a placa se movimenta a superfície do fluido presente na piscina a acompanhará. Isso acontece porque forças tangenciais são aplicadas ao fluido, que é obrigado a movimentar-se na mesma direção da placa. De acordo com Francisco (2018, p. 10-11):

> Isto é explicado considerando que as partículas do fluido, em contato com a placa, aderem perfeitamente à placa, segundo o princípio da aderência, no qual partículas do fluido adquirem a mesma velocidade da superfície da estrutura sólida em contato. Isto pode ser observado num filme de lubrificante que se encontra entre o pistão e a parede do cilindro do motor de um automóvel.
>
> A definição de fluido é feita baseando-se em seu comportamento sob a ação de um esforço tangencial. Fluido é uma substância que se deforma continuamente, sob a ação de esforços tangenciais constantes. Em geral, enquadram-se nesta definição as substâncias líquidas e gasosas. Os sólidos não são fluidos, pois a deformação sofrida por eles é limitada e estável. [...]
>
> A determinação das forças trocadas entre o fluido e a superfície da estrutura sólida em contato com o escoamento depende do conhecimento do movimento do fluido; mais especificamente, da variação espacial da velocidade de escoamento. Em outros termos, a taxa na qual varia a quantidade de movimento do fluido depende do gradiente de velocidade no escoamento.

É conhecimento de todos que o calor pode passar de um meio para outro ou de um objeto para outro, como o caso de uma chapa quente que, quando colocada em contato com uma chapa fria, esquenta-a – trata-se de **transferência de calor**.

Para Francisco (2018, p. 11), o calor é "a energia térmica em trânsito". Quando nos atemos à diferença de temperatura, estamos interessados na transferência de calor, como no caso das chapas quente e fria citado anteriormente. Conhecendo as temperaturas das duas regiões ou objetos, a taxa de transferência de calor pode ser determinada.

O projeto de importantes equipamentos, como caldeiras, condensadores, trocadores de calor e coletores de energia solar, muito utilizados atualmente, é possível graças ao estudo da transferência de calor (Francisco, 2018), assunto que abordaremos mais detalhadamente no Capítulo 5.

O escoamento de um fluido em nível macroscópico envolve o movimento de sua massa. Para que isso aconteça, uma força motriz, normalmente algum tipo de pressão, deve atuar sobre o fluido. Considerando essa informação, devemos admitir que a **transferência de massa** depende da movimentação de um soluto, em razão de sua diferença de concentração, em uma mistura sólida ou fluida.

Fique atento!

"Força motriz é aquilo que impulsiona ou que move. Nos fenômenos de transporte, o que induz o movimento de uma quantidade física é o gradiente de outra quantidade. [...] Assim, por exemplo, a principal força motriz para o escoamento de um fluido é o gradiente de pressão; para a transferência de calor, o gradiente de temperatura; e para a transferência de massa, o gradiente de concentração" (Francisco, 2018, p. 9).

É de grande importância, no entanto, nos atentarmos à diferença entre os dois conceitos descritos. Ao passo que o escoamento de um fluido consiste no transporte de uma massa de fluido, em nível macroscópico, de uma região para outra em função do gradiente de pressão existente, a transferência de massa trata do movimento de um soluto ocasionado pela diferença de concentração em uma determinada mistura, seja ela sólida, seja fluida.

> A transferência de massa diz respeito ao movimento de um soluto por diferença de concentração do soluto numa determinada mistura, que pode ser tanto sólida quanto fluida. Considerando uma mistura na qual um determinado soluto está diluído, a concentração do soluto é definida pela quantidade de massa do soluto por unidade de volume da mistura. A taxa de transferência de massa do soluto é estabelecida na direção da região de maior concentração para a de

menor concentração. O contrário vale para a massa do solvente, observado, por exemplo, no experimento da osmose com água [...]. Existem diversas analogias entre a transferência de calor e de massa, uma vez que a massa é, em essência, também energia. [...] Os fenômenos de transferência de massa podem ser observados em muitos problemas de engenharia, tais como em processos metalúrgicos, reatores químicos, filtros, retardadores de vapor etc. (Francisco, 2018, p. 12-13)

Como estamos interessados em fenômenos de transporte de fluidos, cujas possibilidades de transferência incluem meios sólidos, líquidos e gasosos, precisamos compreender que as características do meio de transporte serão determinantes para a análise. De acordo com Francisco (2018, p. 29), um dos fatores a que precisamos estar atentos é a taxa de transferência da quantidade física, que

> é proporcional ao gradiente de uma outra quantidade. Esta relação funcional é intermediada pela presença de um coeficiente de proporcionalidade, que pode atenuar ou exacerbar a relação. O coeficiente de proporcionalidade é uma característica do meio material, ou seja, uma propriedade material. Por exemplo: numa barra de metal cujas extremidades estão com temperaturas distintas, a taxa de calor induzida através da barra seria maior numa barra de cobre do que numa de aço.

Os fenômenos de transporte contam com propriedades materiais que determinam seu comportamento físico, motivo pelo qual é de grande importância conhecermos as propriedades dos materiais envolvidos em um processo. Com tal conhecimento, poderemos compreender como essas propriedades influenciarão o fenômeno de transporte analisado.

Tendo elucidado esses pontos, vamos, agora, tratar de conceitos importantes sobre a área de fenômeno de transporte dos fluidos.

1.4.1 Meio contínuo

Quando falamos do *meio contínuo*, estamos nos referindo a uma hipótese que considera uma porção do espaço que é igual em todos os seus pontos, ou seja, que mantém suas características contínuas. Tal hipótese facilita o estudo e a análise matemática.

Suponha uma tubulação pela qual há escoamento de água. Nesse caso, seria impossível, ou no mínimo inviável, analisar o movimento de cada partícula. Para tornar esse estudo possível, consideramos que o comportamento individual de uma partícula é igual ao de todas elas, ou seja, um sistema único.

Caso aceitemos a hipótese do meio único, assumiremos que o espaço entre as moléculas é pequeno. Com essa premissa satisfeita, consideramos que há continuidade no meio. Mas atenção! Nos casos em que existe um espaçamento grande entre as moléculas, como nos gases rarefeitos, cada molécula tem uma particularidade em seus movimentos e colisões, não sendo um meio contínuo (Bird; Stewart; Lightfoot, 2004).

1.4.2 Tensão cisalhante

O conceito de tensão cisalhante pode ser explicado quando analisamos o experimento das duas placas. As placas podem ser encaradas como um recipiente com base fixa e parte superior móvel. Nessas condições, observe a Figura 1.1, em que o elemento a está em estado sólido, o b, em estado líquido, e o c, em estado gasoso.

Figura 1.1 – Representação de tensão cisalhante

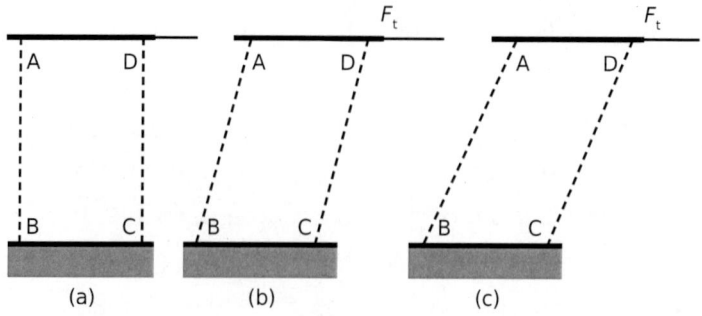

Fonte: Francisco, 2018, p. 11.

A placa superior está sofrendo uma mesma força tangencial com movimentos diferentes em cada caso, da seguinte forma:

- em *a*, há apenas a existência das duas placas com extremidades ABCD;
- em *b*, há a ação de uma força tangencial aplicada na placa superior, deslocando-a até um limite;
- em *c*, há a mesma força tangencial, porém se trata de um fluído; nesse caso, o deslocamento da placa superior não tem um limite definido.

No estado sólido, existe uma forte ligação entre as moléculas do composto. Porém, em um líquido, as moléculas estão mais separadas umas das outras, e, por se tratar de um fluido, assume a forma do recipiente que o contém. Assim, concluímos que, apesar da movimentação da placa superior, esta manterá toda a sua superfície em contato com o elemento em estado líquido. Quando analisamos o gás, a situação é semelhante, pois os dois fluidos apresentam características semelhantes nessa condição.

Dessa maneira, podemos deduzir que os fluídos, quando expostos a uma força externa, apresentam deslocamento contínuo, diferentemente dos sólidos, que têm um deslocamento limite (Freitas, 2019).

1.4.3 Escoamento

Quando analisamos um fluido em movimento sobre condições predeterminadas, chamamos esse movimento de *escoamento*. Nesse cenário, utilizamos a hipótese do meio contínuo, tratada anteriormente. Observe a Figura 1.2, a seguir.

Figura 1.2 – Representação de escoamento

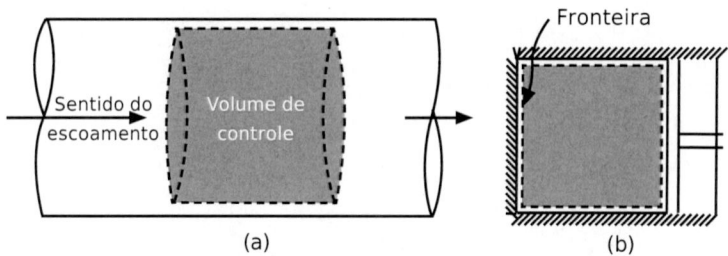

Fonte: Freitas, 2019.

Na Figura 1.2, em *a*, temos a representação de um escoamento em um duto, enquanto em *b* é possível visualizar um sistema cilíndrico com gás sob pressão de um pistão. Além disso, nessa figura encontramos alguns termos que verificaremos na sequência.

1.4.4 Sistema

O sistema é constituído por uma matéria fixa e identificável, que funciona como uma barreira que confina os elementos analisados. Assim, cria-se um isolamento em relação ao ambiente, o que concede à análise condições próximas das ideais, facilitando-a (Fox; McDonald; Pritchard, 2011).

1.4.5 Viscosidade

Para facilitar o entendimento sobre a viscosidade, vamos pensar nela como a facilidade de um fluido escoar; por exemplo, a água misturada com farinha vai escoar de maneira mais lenta e com aparência mais pegajosa se comparada ao escoamento da água pura. A viscosidade, portanto, é alterada de acordo com a coesão e os choques entre as moléculas de um material (Francisco, 2018).

Francisco (2018, p. 30, grifo do original) descreve o seguinte experimento para explicar a viscosidade:

> um fluido está contido entre duas placas: uma placa móvel submetida a uma força tangencial e outra placa fixa. Percebe-se que gradientes de velocidade, na direção transversal ao escoamento, se estabelecem no fluido. Os gradientes de velocidade nesta direção são chamados de *taxas de deformação*.

Observe a Figura 1.3, a seguir.

Figura 1.3 – Gradiente de velocidade do fluido

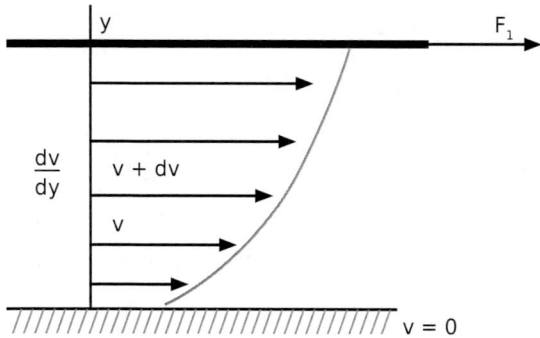

Fonte: Francisco, 2019, p. 30.

A lei da viscosidade de Newton expressa a relação da tangencial τ na direção do escoamento, sendo ela proporcional à variação gradativa da velocidade, que, por sua vez, tem direção transversal ao escoamento (Francisco, 2018). A expressão matemática que demonstra essa proporcionalidade é:

$$\tau = -\mu \frac{dv}{dy}$$

Sendo μ a viscosidade dinâmica. A unidade internacional de viscosidade dinâmica é $[\mu] = N \cdot s \cdot m^{-2}$ (Francisco, 2018).

Essa relação tem uma lógica linear, e os fluidos que a obedecem são conhecidos como *newtonianos*. A água, o ar e o óleo são exemplos de fluidos newtonianos. Por outro lado, quando essa relação não é linear, os fluidos são chamados de *não newtonianos*, caso, por exemplo, da tinta a óleo e do creme dental (Francisco, 2018).

É importante lembrarmos que a viscosidade de um fluido pode mudar quando houver alterações em sua temperatura. Desse modo, há relação inversa entre a viscosidade e a temperatura, pois, quando a temperatura aumenta, a viscosidade diminui. Contudo, no caso dos gases, a viscosidade aumenta quando a temperatura também aumenta.

Quando analisamos o escoamento de um fluido em que o efeito da viscosidade não está presente ou é descartado, denominamos o escoamento de *invíscido* ou *ideal*; nos casos em que o crescimento da viscosidade é percebido, o nome dado ao escoamento é *viscoso* ou *real* (Francisco, 2018).

1.4.6 Volume de controle e superfície de controle

Em um escoamento de fluidos, teoricamente, as propriedades de uma molécula são as mesmas para todo o seu corpo. Porém, para realizar estudos, devemos adotar uma porção do fluido em processo de escoamento em função de certa quantidade de tempo. A essa porção escolhida damos o nome de *volume de controle*, enquanto à superfície do volume chamamos de *superfície de controle* (Livi, 2004).

1.4.7 Massa específica

Já vimos que, para a realização do estudo dos escamentos de fluidos, tratamos as substâncias desse escoamento como um contínuo. Isso significa que assumimos que a matéria está distribuída continuamente no volume de controle analisado. Quando utilizamos essa hipótese, definimos a massa específica em cada posição no meio material.

Seguindo, assim, a hipótese do contínuo, a massa específica em uma posição é dada pela seguinte relação:

$$\rho = \lim_{\Delta v \to 0} \left(\frac{\Delta m}{\Delta v} \right)$$

Sendo Δm a massa incremental contida em um volume incremental Δv. Quando $\Delta v \to 0$, a porção de substância de fluido é conhecida como *ponto material* (Francisco, 2018).

A pressão pode afetar a massa específica dos fluidos, de modo que, quando um fluido recebe um acréscimo de pressão, seu volume diminui e sua massa específica amplia. Nas situações em que fluidos, mesmo expostos a um aumento de pressão, não apresentam massa específica afetada significativamente, chamamos os fluidos de *incompressíveis*. De forma geral, líquidos são considerados incompressíveis, ao passo que gases, dependendo da situação, podem ser compressíveis ou incompressíveis (Francisco, 2018).

1.4.8 Estática nos fluidos

De acordo com Francisco (2018, p. 39, grifo do original):

> Um fluido que se encontra em repouso tem somente o desenvolvimento de tensão normal, chamada de *pressão*, nas superfícies de contato entre partículas do fluido. O grande interesse nessa situação está em estabelecer a distribuição de pressão no fluido. A partir do conhecimento da distribuição de pressão, é possível determinar a resultante das forças de pressão do fluido sobre a superfície de uma estrutura sólida submersa no fluido.

A estática do fluido é uma área que tem como objetivo estudar os fluidos em repouso. Nesse contexto, as partículas do fluido não se movimentam

significativamente, não havendo tensão cisalhante entre essas partículas e sua superfície de contato.
Por consequência, se um fluido não se movimentar, não haverá viscosidade a ser analisada.

1.5 Sistema Internacional de Unidades (SI)

O Sistema Internacional de Unidades (SI) define medidas-padrão para estudar os fenômenos de transporte. Desse modo, pesquisadores do mundo inteiro podem reconhecer e representar medidas. Por exemplo, 1 kg é igual em todos os lugares do mundo, independentemente da medida de massa utilizada; um pesquisador dos Estados Unidos, assim, pode ler um artigo escrito por um autor italiano e compreender os cálculos realizados.

Entidades físicas como temperatura e trabalho são grandezas. Para uma mesma grandeza, podem existir mais de uma unidade medida. Por exemplo, além do quilograma (kg), existem diversas unidades de massa, como onça, arroba, quintal, arrátel etc. No Quadro 1.2, a seguir, disponibilizamos as grandezas mais relevantes e suas respectivas unidades de medida.

Quadro 1.2 – Análise da tabela de grandezas básicas

Grandeza	Nome	Símbolo
Comprimento	metro	m
Massa	quilograma	kg
Tempo	segundo	s
Corrente elétrica	ampere	A
Temperatura termodinâmica	kelvin	K
Quantidade de matéria	mole	mol
Intensidade luminosa	candela	cd

Fonte: Freitas, 2019.

Não é incomum que as unidades de medida tomadas como padrão mudem de um país para outro. Nós, brasileiros, utilizamos graus Celsius (°C) para mensurar temperaturas, ao passo que outros países, como Libéria, Estados Unidos e Mianmar, utilizam a escala Fahrenheit (°F).

Podemos, facilmente, confundir diferentes unidades de medidas, o que, no contexto de uma comunicação internacional, pode provocar consequências graves. Por isso, a Conferência Geral de Pesos e Medidas (CGPM) estabeleceu o SI, tornando as tarefas de medição mais uniformes e menos problemáticas. Inclusive, esse sistema é adotado pela física e por outras áreas do conhecimento com o objetivo de uniformizar as medições e mitigar os problemas de comunicação (Freitas, 2019).

Operações unitárias

2

Uma operação unitária trata-se de uma etapa pertencente a determinado processo. No processamento do leite, por exemplo, há as fases de homogeneização, pasteurização, resfriamento e embalagem – operações conectadas que formam o processo total de fabricação (Isenmann, 2013).

De acordo com Isenmann (2013, p. 7, grifo do original):

Em 1915, o engenheiro químico americano *Arthur Dehon Little*, empresário e professor universitário do *MIT*, estabeleceu o conceito de "operação unitária", segundo o qual um processo químico seria dividido em uma série de etapas básicas que podem incluir: transferência de massa, transporte de sólidos e líquidos, destilação, filtração, cristalização, evaporação, secagem etc. Cada uma das etapas sequenciais numa linha de produção industrial é, portanto, uma operação unitária. O conjunto de todas as etapas compõe um processo unitário. Portanto, operações unitárias são sequências de operações físicas necessárias à viabilização econômica de um processo químico.

[...]

Cada operação unitária por si pode ser calculada e dimensionada – a base desse cálculo são as leis estabelecidas da física, e o caminho do cálculo geralmente são equações diferenciais. Esse procedimento [...] tem caráter universal e pode ser aplicado em qualquer indústria.

Conhecimentos relacionados a operações unitárias são amplamente utilizados em indústrias, principalmente nas que se utilizam de processos químicos e de separação de sólidos.

2.1 Introdução às operações unitárias

A área de conhecimento de operações unitárias atua no campo de ação da indústria de processos químicos, não se restringindo a uma área específica de reações químicas, como podemos pensar, mas agindo também sobre inúmeras operações de caráter físico ou físico-químico, objetivando a obtenção de compostos químicos utilizados na indústria. Como exemplo, podemos citar a fabricação do sal, em que se utilizam apenas operações físicas; porém, o sal e outros componentes, como o cloreto de sódio, resultantes do processo são utilizados na indústria química em geral.

Normalmente, quando uma indústria é considerada química, ela apresenta pelo menos um processo químico dentro da cadeia de processos nela executados.

> O conceito de operações unitárias integra a fabricação, visto que toda indústria é, na realidade, uma série organizada de operações ou blocos individuais que compõem um processamento. Neste ocorrem transformações físicas e ou físico-químicas, realizadas em equipamentos específicos, tanto em escala piloto

como industrial, que por meio da aplicação dos fenômenos de transporte permitem e complementam a otimização e interação das conversões químicas nos processos industriais. (Barbosa, 2015, p. 129)

Existem operações unitárias que compõem processos de fabricação que não contam com reações químicas, apenas processos físicos. Um exemplo é o processo de fabricação de tintas, apresentado na Figura 2.1.

Figura 2.1 – Sequência de operações unitárias para fabricação de tintas

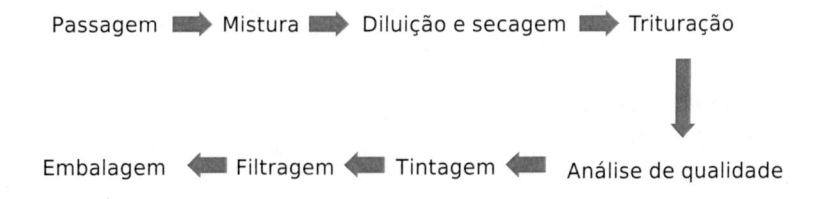

Passagem ➡ Mistura ➡ Diluição e secagem ➡ Trituração
⬇
Embalagem ⬅ Filtragem ⬅ Tintagem ⬅ Análise de qualidade

Fonte: Elaborado com base em Barbosa, 2015.

Vale ressaltar que, mesmo que sejam utilizados produtos químicos no processo de fabricação de tintas, não existe reação química entre produtos; quando a matéria-prima para a fabricação da tinta está pronta, utilizam-se apenas operações físicas para a produção do produto-final (Barbosa, 2015).

O estudo das operações unitárias é essencial para os processos produtivos, uma vez que só é possível a obtenção de um resultado excelente quando o profissional responsável pelo processo produtivo tem grande conhecimento dos princípios físicos e químicos que regem o funcionamento e a qualidade do processo produtivo em questão (Gomide, 1983).

Na área de estudo das operações unitárias, o futuro profissional precisa desenvolver ao máximo seus conhecimentos e sua capacidade de julgamento, pois, ao se deparar com um problema, ele precisa decidir qual a melhor opção e selecionar ou projetar os equipamentos para as situações às quais for exposto. Portanto, é necessário que o profissional tenha capacidade de analisar as variáveis que controlam a operação em estudo e, com base nelas, tomar as decisões necessárias (Gomide, 1983).

As primeiras tentativas de sistematizar a área de estudo das operações unitárias possibilitaram a percepção de que todos os processos industriais contam com algumas técnicas ou operações muito similares e baseadas nos mesmos princípios científicos. Como exemplos, podemos citar a separação dos sólidos de uma suspensão utilizando filtros e a separação de líquidos por meio da destilação ou da secagem de sólidos; todas essas operações são bastante empregadas em diversos processos industriais, independentemente do ramo (Gomide, 1983).

As dificuldades ao projetar um equipamento de destilação para fabricar álcool, refinar petróleo ou produzir medicamentos são quase as mesmas, mas há diferenças nos detalhes construtivos do equipamento. Situação similar ocorre em processos e equipamentos de transporte de fluidos ou sólidos, aquecimentos, resfriamentos, secagens, misturas e diversos tipos de separações (Gomide, 1983).

Do estudo de todos esses processos e da interação existente entre eles surgiu o conceito de operações unitárias, que definem indústrias como uma série de operações individuais que, somadas e ordenadas, compõem o processo de fabricação de uma empresa (Gomide, 1983).

> As operações unitárias são fundamentalmente operações físicas, embora possam envolver excepcionalmente reações químicas, como acontece na absorção de gases ácidos em soluções alcalinas. Entre muitas outras finalidades, as operações unitárias visam reduzir o tamanho dos sólidos a processar, transportá-los, separar componentes de misturas ou aquecer e resfriar sólidos e fluidos. São exemplos o britamento, a filtração, a secagem, a evaporação, a destilação, a absorção e a extração. (Gomide, 1983, p. 3)

Em resumo, as operações unitárias consistem no desmembramento de um processo, de maneira coordenada, tendo como objetivo a análise e o estudo das partes desse processo – por exemplo, a moagem é um processo de mistura, aquecimento, absorção, condensação, precipitação, cristalização, filtração, dissolução, entre outros.

Como já vimos, o estudo e a aplicação das operações unitárias estão embasados nos princípios físicos e físico-químicos, e algumas das técnicas utilizadas para o entendimento e a manipulação desses princípios são a estequiometria, o balanço de materiais e energia, as relações de equilíbrio, as equações de velocidade e, em algumas situações, o balanço de forças.

É comum encontrarmos, na indústria, equipamentos construídos para a execução de processos químicos funcionando de forma errônea ou não atingindo os resultados esperados, problemas que têm como origem erros de dimensionamento do equipamento e de projeto.

Quando equipamentos industriais são projetados, é necessário ter atenção a alguns detalhes, como as dimensões de um tanque, a área de um trocador de calor, a altura e o diâmetro de uma coluna de destilação, o tamanho de um decantador ou a velocidade de um agitador, pois todos eles influenciam grandemente o processo executado, de modo que os valores devem ser definidos com precisão (Gomide, 1983).

2.2 Conceitos e fundamentos básicos

Conhecimentos sobre conversão de unidades, unidades que podem ser medidas de forma linear, área, volume, massa, pressão, temperatura, energia de potência, balanço material e energético, entre outros, formam a base de estudo das operações unitárias, motivo pelo qual é importante que tratemos de alguns deles. Nesse sentido, destacaremos, a seguir, os que consideramos mais frequentes no estudo dessa área.

2.2.1 Propriedade (variável de estado ou função de estado)

As propriedades variáveis de estado são características macroscópicas de um sistema – como a massa, o volume, a energia, a pressão e a temperatura. Essas características só serão consideradas propriedades se a mudança de seu valor for independente do processo, o que significa que o valor de uma propriedade não depende de como o processo foi executado (Gomide, 1993).

2.2.2 Estado

O estado trata das condições a que o sistema está submetido, como temperatura e pressão. Existem relações entre as propriedades, e essas relações podem atribuir características específicas ao estado.

2.2.3 Processo

Quando o estado muda dentro de um sistema, em razão de mudanças em suas propriedades, chamamos isso de *processo*. Em um processo, é normal acontecer a troca de energia entre sistemas vizinhos. Para exemplificar, imagine dois sistemas: vapor quente em um recipiente e gelo em uma vasilha; se os misturarmos, o gelo se transformará em água líquida.

2.2.4 Estado estacionário

O estado estacionário é a situação em que nenhuma propriedade sofre mudança com o passar do tempo.

2.2.5 Equilíbrio

O equilíbrio é a situação em que não há mais alterações no estado de um sistema. Esse conceito é utilizado em termodinâmica clássica, que trata das mudanças entre estados de equilíbrio (Gomide, 1983).

2.2.6 Sistema fechado

O sistema fechado é caracterizado pela quantidade fixa de matéria, mas pode trocar energia com a vizinhança. Nele, não há massa entrando nem saindo.

2.2.7 Sistema aberto (volume de controle)

O sistema aberto é uma parte do espaço que troca matéria e energia com os sistemas vizinhos por meio de sua fronteira ou de entradas e saídas do sistema.

2.2.8 Ponto de bolha

Quando um líquido, composto de dois ou mais componentes, é aquecido, a temperatura na qual a primeira bolha de vapor se forma é o ponto de bolha. Um valor de pressão fixo é considerado para determinar essa temperatura.

2.2.9 Ponto de orvalho

O ponto de orvalho é a temperatura em que o vapor de água em suspensão no ar passa para o estado líquido. Em razão da condensação, essa transformação acarreta o surgimento de várias gotas, chamadas de *orvalho* (Gomide, 1983).

2.2.10 Conversão de unidades

É muito importante saber não só os padrões de medidas utilizados no estudo da física industrial, mas também suas correlações. Essas correlações são bastante utilizadas quando trabalhamos com medidas de temperatura, pressão, energia, massa, área, volume, potência, entre outras (Brunetti, 2008).

Confira algumas correlações entre medidas bastante comuns:

- **Lineares**
  - 1 pol = 2,54 cm
  - 1 m = 100 cm = 1.000 mm
  - 1 mi = 1,61 km
  - 1 km = 1.000 m

- **Áreas**
  - 1 m² = 10,76 pés²
  - 1 alqueire = 24.200 m²
  - 1 km² = 10⁶ m²
- **Volumes**
  - 1 ft³ = 28,32 L
  - 1 ft³ = 7,481 gal
  - 1 gal = 3,785 L
  - 1 m³ = 35,31 ft³
- **Massas**
  - 1 lb = 454 g
  - 1 kg = 1.000 g
  - 1 T = 1.000 kg
- **Pressões**
  - 1 atm = 1,033 kgf/cm²
  - 1 atm = 14,7 psi (lbf/in²)
  - 1 atm = 10,3 m H_2O
  - 1 atm = 760 mm Hg
  - 1 Kpa = 10–2 kgf/cm²
  - Pressão absoluta = pressão relativa + pressão atmosférica
  - Pressão barométrica = pressão atmosférica
  - Pressão manométrica = pressão relativa
- **Temperaturas**
  - t°C = (5/9)(t°F − 32)
  - t°C = (9/5)(t°C) + 32
  - tK = t°C + 273
  - Zero absoluto = −273°C ou −460°F

- **Potências**
  - 1 HP = 1,014 CV
  - 1 HP = 42,44 BTU/min 1KW = 1,341 HP
  - 1 KW h = 3.600 J 1KW = 1.248 KVA
- **Energias**
  - 1 Kcal = 3,97 BTU
  - 1 BTU = 778 ft.lbf
  - 1 Kcal = 3,088 ft.lbf
  - 1 Kcal = 4,1868 KJ
  - 1 cal = 4,18 J

2.2.11 Transferência de calor

O processo de transferência de calor acontece entre fases ou em uma cadeia de processos. Com frequência, encontramos na indústria processos de evaporação, moagem ou até mesmo separação de componentes que apresentam forte influência da transferência de calor (Barbosa, 2015). Trataremos mais detalhadamente desse tema no Capítulo 5.

2.2.12 Transporte de massa

O transporte de massa acontece entre fases e seu mecanismo básico é igual em qualquer uma das fases (sólida, liquida e gasosa). Como exemplo, temos destilação, absorção, extração líquido-líquido e adsorção (Barbosa, 2015).

2.2.13 Transporte de momento (movimento)

O transporte de momento diz respeito a uma quantidade de massa transportada de um ponto a outro dentro de um mesmo processo. Podemos citar como exemplos o bombeamento e a compressão (Barbosa, 2015).

2.2.14 Balanço de materiais

O balanço de materiais tem como base a lei da física de conservação da massa. Essa lei demonstra que os materiais que entram no processo devem sair dele, não existindo perda ou ganho de massa:

$$\sum_{\text{no processo}} \text{Massa entrando} = \sum_{\text{do processo (produto)}} \text{Massa saindo}$$

O balanço de material pode ser aplicado tanto para equipamentos que executam processos quanto para cadeias de processos produtivos. É importante lembrar que, quando aplicamos um balanço de material, ele deve ser utilizado para todos os materiais que entram ou saem do processo e para qualquer material que passa pelo processo sem sofrer alteração (Barbosa, 2015).

2.2.15 Balanço de energia

Da mesma forma que acontece no balanço de material, o balanço de energia deve ter entrada e saída de energia iguais. Isso acontece em condições estáveis, que não variam com o tempo. Todas as formas de energia devem ser incluídas no balanço.

O balanço de energia pode ser realizado para o processo total ou apenas parte dele, utilizando-se uma linha imaginária.

As formas mais comumente utilizadas são as energias cinética e potencial, o calor e o trabalho; quando temos um processo eletroquímico, a energia elétrica deve ser somada ao balanço. Ainda existem alguns tipos de energia que, normalmente, não se modificam ao longo do processo, motivo pelo qual não precisam ser incluídas, como a energia magnética, de superfície e estresse mecânico.

> Os balanços de energia devem ser considerados nas operações de transferência de massa, permitindo determinar a temperatura da operação, o consumo de utilidades necessárias, as correntes internas e o desempenho energético da operação. As equações envolvidas nos cálculos de balanço de energia são baseadas na primeira lei da termodinâmica. Considerando o sistema fechado, temos que Q representa a energia térmica em movimento (entrada), W representa o trabalho realizado pelo sistema (saída) e ΔU representa a variação de energia interna armazenada no sistema (acúmulo).
> $$Q - W = \Delta U$$
> Além da energia interna, há ainda energias como a energia cinética, elétrica, potencial magnética e de superfície, no entanto são consideradas desprezíveis para efeitos de cálculos. (Barbosa, 2015, p. 210)

Os conceitos que acabamos de conferir, como já dito, são a base de estudo das operações unitárias, as quais são encontradas com frequências em diversas indústrias.

2.3 Operações unitárias mecânicas

Como vimos anteriormente, as operações unitárias podem ser apenas mecânicas ou conter reações químicas em seus processos. Aqui, trataremos das operações unitária mecânicas.

A operação unitária mecânica mais utilizada atualmente é o processo de separação, do qual trataremos mais detalhadamente no Capítulo 4. Em resumo, esse processo consiste na separação de componentes em uma mistura, independentemente do estado em que se encontrem – sólido, líquido ou gasoso. Separar os componentes de uma mistura ou simplesmente dividi-los em porções diferentes é um processo bastante importante para o estilo de vida atual, sendo amplamente utilizado nas indústrias de medicamentos, alimentos ou produtos de higiene.

Existem inúmeras possibilidades de sistemas serem estudados e criados com base nas operações unitárias mecânicas, mas, para uma melhor compreensão, dividiremos nosso estudo em duas categorias, a saber:

1. Operações que envolvem sólidos.
2. Operações que envolvem sistemas com fluidos.

2.3.1 Operações que envolvem sólidos

Muitas das operações unitárias realizadas na indústria ocorrem com partículas sólidas ou com sistemas de fluidos sólidos. Dependendo do sistema envolvido, suas características podem ser simplificadas no momento de estudo, como considerar o sólido como um grupo de partículas idênticas, com um diâmetro único e determinada área superficial ou classificá-lo com base em suas propriedades.

A classificação do sólido pode, então, ser realizada considerando-se a partícula isolada ou a mistura de partículas. Além disso, também é feita a caracterização granulométrica do sólido, uma vez que, em operações envolvendo sua fragmentação, como a moagem, a análise do tamanho da partícula é essencial para garantir o sucesso da operação.

2.3.2 Operações que envolvem sistemas com fluidos

O estudo de fluidos em movimento pertence à dinâmica de fluidos, área que inclui fenômenos relacionados ao escoamento de fluidos em tubos. O transporte de fluidos é uma operação básica executada por muitas indústrias de processamento.

Para que um fluido escoe por uma tubulação ou seja transportado até o equipamento onde ocorrerá o processo, é necessária a ação de uma força motriz.

Normalmente, a gravidade não é considerada uma força nesse fluxo, e uma ou mais bombas devem ser instaladas para aumentar a energia mecânica do fluido.

As bombas são equipamentos mecânicos projetados com o objetivo de transferir líquidos de um ponto a outro. Normalmente, esses líquidos passam por uma tubulação. Essa movimentação acontece porque a bomba fornece ao fluido maior pressão, energia e velocidade. Segundo Isenmann (2013), as bombas mais utilizadas na indústria são: centrífuga, rotativa, helicoidal, parafuso, pistão, trompa e de mamute.

Processos que envolvem misturas são operações unitárias bastante comuns nas indústrias química, bioquímica ou de processamento de alimentos para diversos objetivos, como acelerar as taxas de transferência de calor e massa em um processo, facilitar a ocorrência de reações químicas, misturar líquido miscível, dispersar gases em líquidos etc. Falaremos mais detalhadamente desse assunto no Capítulo 3, mas, por ora, é importante compreendermos alguns aspectos gerais:

- A operação de agitação mecânica é bastante utilizada, sendo uma das mais antigas no estudo de operações unitárias.
- As operações com mistura são comuns em situações nas quais a composição do componente líquido está presente em maior proporção que a do componente sólido. Grande parte das operações de mistura acontece de maneira descontínua, isso significa que é realizada em batelada (Isenmann, 2013).

- A operação de mistura busca produzir uma distribuição aleatória e homogênea de uma ou mais de suas fases ou de substâncias diferentes que se encontram inicialmente separadas.

2.4 Operações unitárias de transferência de massa

Nos processos de transporte utilizados em larga escala na indústria, podemos encontrar a transferência de massa entre fases. Na interface entre as duas fases, há um gradiente de transferência de massa, é por meio dele que encontrarmos a taxa de transferência de massa entra uma fase e outra (Isenmann, 2013). De acordo com Isenmann (2013, p. 171), "Para as partículas que se encontram neste mesmo espaço fino, podemos admitir equilíbrio termodinâmico. O transporte destas partículas ocorre então exclusivamente por difusão. Além disso, pressupomos a espessura do filme da interface sendo constante e independente da massa transportada".

Observe a Figura 2.2.

Figura 2.2 – Gotícula de componente *i* imersa em um gás

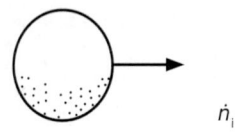

$\dot{n}_i$

Fonte: Isenmann, 2013, p. 171.

Segundo Isenmann (2013, p. 171-172):

Na superfície redonda desta gota existe concentração de saturação, c_{sat}, A troca de matéria entre as duas fases ocorre com uma velocidade n_i (= velocidade da transição de matéria) que na maioria dos casos se mostra proporcional à área de troca, F, e à diferença em concentração, Δc, entre a concentração de saturação na superfície e a concentração média no interior da fase gasosa.

A transferência de massa é regida pela lei de Fick, que relaciona a taxa de transferência de massa a um gradiente de concentração de uma mistura.

O termo *transferência de massa* não é utilizado para descrever o movimento de uma mistura, mas para se referir ao estudo do transporte de componentes químicos diluídos em uma mistura. Esse fenômeno ocorre em gases, líquidos e sólidos.

Vamos, agora, conferir algumas operações unitárias que envolvem a transferência de massa.

2.4.1 Destilação

Na destilação, a separação dos constituintes é baseada nas diferenças de volatilidade, temos, assim, uma fase de vapor entrando em contato com uma fase líquida, ocorrendo a transferência de massa do líquido para o vapor. O líquido e o vapor, geralmente, contêm os mesmos componentes, mas em quantidades diferentes.

O líquido encontra-se em seu ponto de bolha e o vapor em seu ponto de orvalho. A transferência de massa do líquido por vaporização e de vapor por condensação acontecem ao mesmo tempo.

A destilação é bastante utilizada para separar misturas líquidas em componentes com mais pureza. Como exemplo, temos o petróleo bruto, que, inicialmente, é separado em várias frações (como gases leves, nafta, gasolina, querosene, óleos combustíveis, óleos lubrificantes e asfalto) e em grandes colunas de destilação (Isenmann, 2013).

Figura 2.3 – Configuração de uma coluna de destilação

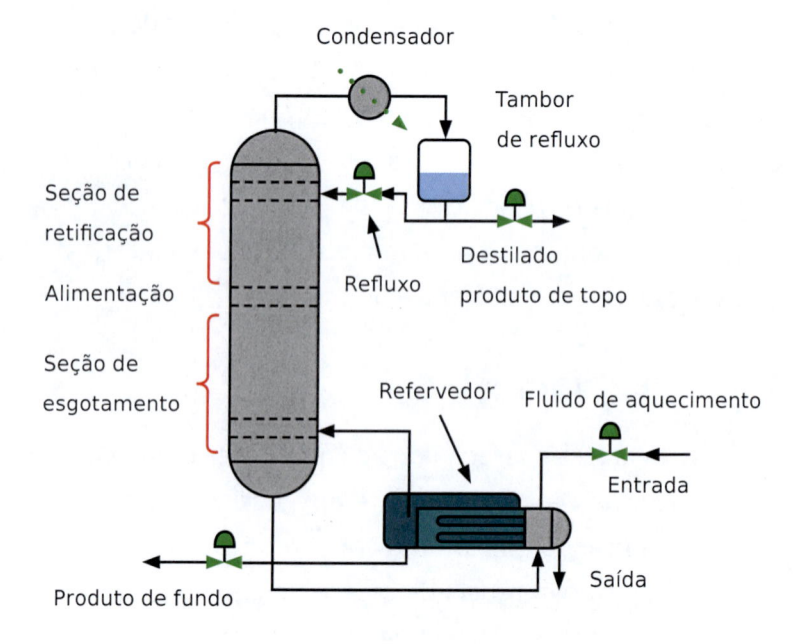

2.4.2 Absorção e dessorção de gás

A absorção de gás, também conhecida como *lavagem de gases*, tem como objetivo elevar o nível de pureza de gases. Essa operação envolve a transferência de um componente solúvel de uma fase gasosa para um absorvedor de líquido relativamente não volátil. A dessorção, por sua vez, é o processo reverso, a remoção de um componente de um líquido pelo contato com uma fase gasosa.

Nos casos mais comuns de absorção de gás, o absorvedor de líquido não vaporiza e o gás contém apenas um componente solúvel. Como exemplo, podemos citar a amônia, que é absorvida de uma mistura sua com o ar pelo contato do gás com a água líquida em temperatura ambiente. A amônia é solúvel em água, mas o ar é quase insolúvel. A água dificilmente vaporiza à temperatura ambiente, motivo pelo qual a única transferência de massa é da fase gasosa da amônia para o líquido. Com a passagem da amônia para o líquido, sua concentração aumenta até o nível em que, dissolvida, ela esteja em equilíbrio com a fase gasosa. Quando o equilíbrio é alcançado, a transferência de massa é interrompida.

Nos equipamentos de absorção, o absorvedor de líquido está abaixo de seu ponto de bolha, e a fase gasosa é encontrada consideravelmente acima de seu ponto de orvalho.

Na absorção, temos, ainda, a adição de um componente ao sistema, sendo este o absorvedor de líquido. Com frequência, o soluto precisa ser removido do absorvente, sendo necessário executar mais um processo de separação até que o produto-final seja alcançado.

A dessorção, como comentamos, é a operação oposta à absorção. O gás solúvel é transferido do líquido para a fase gasosa, e isso acontece porque a concentração no líquido é maior do que a concentração de equilíbrio com o gás (Caldas et al., 2007).

2.4.3 Extração líquido-líquido

É comum que misturas líquidas sejam separadas com a utilização de um solvente líquido. A ideia da extração líquido-líquido é que o componente que se deseja extrair seja solúvel ao solvente utilizado, diferentemente dos demais, o que permite sua extração. A mistura inicial torna-se refinada após a remoção do soluto, e dizemos que a fase que contém o solvente se transforma em extrato à medida que recebe o soluto. Esse tipo de extração, em razão de seu funcionamento, também é chamada de *extração por solvente*. Como exemplos podemos citar a remoção de componentes indesejados de óleos lubrificantes, a separação do nióbio do tântalo, a produção de ácido fosfórico concentrado etc. (Caldas et al., 2007).

2.4.4 Extração sólido-líquido

A extração sólido-líquido tem como base a dissolução seletiva da fase sólida da mistura pela utilização de um solvente apropriado. A operação de extração sólido--líquido também é chamada de *lixiviação* ou *lavagem*.

Para a execução dessa operação, é comum que a fase sólida seja triturada ou moída até uma condição bastante fina, de modo a facilitar a dissolução da fase sólida no solvente. Após a dissolução do sólido no solvente, a solução denomina-se *extrato*. Então, é necessário realizar uma operação de separação do extrato para obtermos a fase sólida isolada.

Exemplos de aplicações industriais dessa operação são a extração de óleo de soja usando hexano como solvente e a recuperação de urânio de minérios de baixo teor por extração com ácido sulfúrico ou soluções de carbonato de sódio (Caldas et al., 2007).

2.4.5 Adsorção

A adsorção acontece por meio da transferência de um componente de um fluido para uma superfície de uma fase sólida. Após essa operação, é preciso realizar a separação do componente adsorvido da fase sólida. Normalmente, esse processo permite realizar a separação dos componentes envolvidos com altos níveis de pureza.

Existem inúmeros adsorventes sólidos utilizados nos dias de hoje. O conceito de adsorvente, geralmente, é aplicado a um sólido que mantém o soluto em sua superfície pela ação de forças físicas. Como exemplo, temos a adsorção de vapores orgânicos pelo carvão.

A fração mais leve do gás natural é separada industrialmente por um leito móvel de adsorvente; a maioria dos outros processos industriais usa leitos fixos e processos em lote ou cíclicos em vez de equipamentos de vários estágios, pois é difícil mover o sólido (Caldas et al., 2007).

2.5 Processos produtivos

Sabemos que processos produtivos complexos exigem alto nível de controle, pesquisa e estudo para que sejam lucrativos e competitivos no ramo industrial. Como afirma Barbosa (2015, p. 1051):

> A manipulação de uma grande quantidade de matéria bruta no estado sólido, líquido ou gasoso implica em um planejamento prévio e coordenado que objetiva a produtividade e o lucro. O lucro do processo de produção é obtido pelas transformações dos materiais que apresentam um valor econômico baixo, que é chamado de matéria-prima, em algum bem com um valor econômico agregado, superior ao valor da matéria-prima bruta. Um processo de produção em termos industriais se distingue da fabricação artesanal

e dos processos laboratoriais pela escala e pelos investimentos financeiros necessários. A maioria dos processos é complexa e exige um grande investimento de capital em máquinas e uma substancial quantidade de matérias-primas.

O conjunto de ações realizadas em etapas com o objetivo de beneficiar um material, ocorrendo modificações físicas na matéria-prima utilizada, denomina-se *processo de produção*. Para o estudo e a análise do processo de produção, o conhecimento sobre operações unitárias é fundamental, pois cada etapa de um processo de produção é considerada uma operação unitária.

2.5.1 Fluxogramas de processos

Para facilitar a visualização e a análise dos processos de produção, foi criada uma forma de representação esquemática: o fluxograma. Os fluxogramas têm grande importância em um projeto, pois, partindo deles, a sequência coordenada de operações unitárias é representada, deixando claro os aspectos básicos do processo.

O fluxograma de processos é uma forma altamente efetiva de comunicar dados sobre um processo industrial, motivo pelo qual costuma ser bastante utilizado nas indústrias que possuem uma cadeia de processos.

Com a utilização de fluxogramas, é possível visualizarmos a entrada de matéria-prima, todos os processos necessários para seu beneficiamento, a energia utilizada neles, as transformações físicas e químicas que acontecem em seu decorrer, o produto-final e seus subprodutos. Dessa maneira, obtém-se uma visão geral do processo de produção.

Segundo Barbosa (2015), existem três principais tipos de fluxogramas utilizados para descrever os fluxos de correntes químicas:

1. **Fluxograma de blocos**: Proporciona uma visão geral e conceitual de um processo no qual há inúmeras operações unitárias ou de alta complexidade. Nesse modelo, não são fornecidas muitas informações sobre as etapas, mas uma visão geral do processo.
2. **Fluxograma do processo**: Nesse tipo, o importante é inserir toda a informação necessária para o balanço de material e energético do processo, além de informações adicionais e necessárias para a execução do processo de produção, como valores de pressão, vazões, temperaturas das correntes e tamanhos de equipamentos.
3. **Fluxograma de tubulação e instrumentação**: Concentra as informações relacionadas ao processo e as utilizadas para a construção da planta. Como exemplo de informações podemos citar o tamanho dos tubos, o dimensionamento da tubulação e a localização da instrumentação.

2.5.2 Classificação dos processos de produção

Quando analisamos um processo produtivo com uma sequência definida de operações unitárias, percebemos o quanto esse processo é complexo, apresentando a entrada de diversas matérias-primas, pequenos subprocessos etc. Para minimizar essa complexidade, é preciso compreender a dinâmica do processo, como as matérias-primas e as transformações que acontecem ao longo dele.

Segundo Barbosa (2015), podemos dividir os processos em três categorias: (1) contínuo; (2) descontínuo ou à batelada; e (3) semicontínuo ou à semibatelada.

Os **processos contínuos** ocorrem durante um longo período de tempo, sem interrupção.

> Os processos siderúrgicos, por exemplo, não podem ser interrompidos, uma vez que a parada de uma Aciaria, planta de produção do aço, pode levar a danos irreversíveis nos equipamentos envolvidos. Os processos siderúrgicos podem operar durante anos sem interrupção alguma, sendo suas pausas previamente planejadas para que não haja danos às instalações, ao meio ambiente e à segurança dos operários. (Barbosa, 2015, p. 1183)

Normalmente, os processos contínuos operam em ciclos mais curtos que o citado nesse exemplo, pois é normal necessitarem de reparos e ajustes que só possam ser executados com sua parada. Em geral, eles contam com tecnologia mais sofisticada em termos de controle de processo e automação industrial.

Já os **processos descontínuos** ou **à batelada** trabalham de modo intermitente. A produção de pomadas e comprimidos na indústria farmacêutica são exemplos, uma vez que são fabricados em lotes, como é possível verificar nas embalagens, que apresentam a referência do lote e a data de fabricação.

Quanto aos **processos semicontínuos** ou **à semibatelada**, Barbosa (2015, p. 1210) define que

> usualmente ocorrem em equipamentos muito similares aos reatores de batelada. É possível operar um reator semibatelada de diversas maneiras. Uma delas envolve carregar algum dos reagentes dentro do tanque e então alimentar o material remanescente de maneira gradual. Esse modo de operação é vantajoso quando grandes efeitos de transferência de calor acompanham a reação. Reações exotérmicas [que produzem calor] devem ser conduzidas lentamente, e o controle de temperatura, mantido, regulando a taxa na qual um dos reagentes é alimentado. Outro modo de operação semibatelada envolve o uso de uma corrente de purga para remover continuamente um ou mais dos produtos de uma reação reversível. Por exemplo, água deve ser removida

nas reações de esterificação, pelo uso de uma corrente de purga ou por destilação de uma mistura reagente.

Desse modo, esses processos, como o nome já menciona, apresentam aspectos de produção contínua em algumas fases e de bateladas em outras.

2.5.3 Processos de produção e o meio ambiente

Nos dias de hoje, é fundamental que as indústrias pensem e projetem seus processos de produção com foco no meio ambiente, com o objetivo de continuar produzindo e extraindo recursos sem causar sua degradação. Como descreve Barbosa (2015, p. 1215):

> A ISO 14001 é a norma "verde", baseada no ideal de aperfeiçoamento constante. Ela exige que as empresas criem um sistema de gestão ambiental que constantemente avalia e reduz o dano provocado potencialmente ao meio ambiente pelas atividades da empresa. Isso pode incluir a definição de matérias--primas, todos os processos de fabricação dos produtos e o descarte correto do produto, bem como os resíduos gerados durante o processo. Apesar de estarmos definindo os tipos de processos de produção, não podemos deixar de comentar sobre os aspectos e impactos ambientais relacionados aos processos de produção. As indústrias químicas, petroquímicas, bioquímicas podem ter um enorme impacto do

ambiente ao seu redor. Os aspectos ambientais do processo de produção devem ser analisados. Então, o que significa exatamente aspecto e impacto ambiental? De acordo com a Norma ISO 14001, aspecto é elemento das atividades, produtos ou serviços de uma organização que pode interagir com o meio ambiente, enquanto impacto é qualquer modificação do meio ambiente, adversa ou benéfica, que resulte, no todo ou em parte, dos aspectos ambientais da organização.

Quando avaliamos o meio ambiente dentro de um processo de produção, podemos ter situações nas quais emissões gasosas, efluentes líquidos e descarte de sólidos podem inviabilizar um processo que, do ponto de vista técnico, seja viável e rentável. É preciso que, dentro da análise de um processo, os resíduos gerados por ele sejam discutidos com um viés de sustentabilidade, possibilitando sua viabilidade tanto técnica quanto ambiental.

Misturas

3

Uma mistura pode envolver duas ou mais substâncias de mesma fase ou de fases diferentes, por exemplo, água e areia (líquido e sólido), açúcar e sal (sólido e sólido), água e óleo (líquido e líquido), nitrogênio e oxigênio (gás e gás), entre outras. Existem inúmeros tipos de misturas. Assim, quase tudo em nosso entorno é mistura: a comida é uma fusão de ingredientes, o ar atmosférico é uma combinação de gases, o combustível é uma mistura heterogênea etc.

3.1 Classificação da matéria

Com base em sua composição interna, podemos classificar a matéria em duas classes: (1) substâncias puras e (2) misturas, das quais trataremos neste capítulo. Usar essa classificação é mais assertivo, uma vez que a composição interna torna a matéria única, o que não acontece com sua fase ou seu estado, que variam em função de influências externas. Por exemplo, dependendo da temperatura e da pressão, a água pode estar como vapor, sólida ou líquida. Desse modo, cientificamente, não é correto dizer que a água é um líquido, embora este seja seu estado mais comum.

Do mesmo modo, classificar a matéria por cor, tamanho ou peso não é suficiente, porque dois objetos podem apresentar essas características semelhantes ou idênticas, mas composições internas diferentes. Por exemplo, dois copos de água de diferentes lagos podem parecer e pesar da mesma forma, mas suas composições químicas podem ser bastante distintas.

Portanto, entender as classificações da matéria e as várias maneiras e formas como ela é composta, misturada, bem como se pode ser separada ou não, fornece uma base de análise mais fidedigna a estudos e aplicações de uso.

3.2 Características gerais das misturas

Quando duas ou mais substâncias misturam-se sem participar de uma mudança química, o produto resultante é denominado *mistura*, a qual apresenta as seguintes características:

- Não há força química agindo entre as substâncias que estão misturadas, mas elas ainda existem juntas.
- Pode ser heterogênea ou homogênea.
- As proporções das substâncias variam de maneira indefinida.
- Suas propriedades dependem dos componentes individuais.
- Seus constituintes podem ser separados por métodos físicos.
- O ponto de ebulição e o ponto de fusão dependem das características dos constituintes.
- Durante sua formação, não há mudança na energia.

- Todos os estados da matéria (sólido, líquido, gasoso) podem se combinar para formá-la.

Algumas misturas muito conhecidas são o petróleo bruto (uma mistura de compostos orgânicos – principalmente hidrocarbonetos), a água do mar (uma mistura de vários sais e água), o ar (uma mistura de vários gases e oxigênio, dióxido de carbono, nitrogênio, argônio, néon etc.), a tinta (uma mistura de corantes coloridos) e a pólvora (uma mistura de enxofre, nitrato de potássio e carbono).

3.3 Misturas homogêneas

Quando uma amostra de matéria tem a mesma composição, chamamos essa substância de *homogênea*. Uma barra de ouro, por exemplo, têm a mesma composição química, o que a torna uma substância homogênea. As misturas homogêneas se comportam de maneira semelhante, com a substância formada parecendo ter a mesma composição química.

As misturas homogêneas podem ser do tipo *liga* ou *solução*, conforme veremos a seguir.

3.3.1 Ligas

A liga é uma mistura homogênea de dois elementos, sendo um deles um metal (sólido). Como exemplo, temos o ouro, que, quando utilizado em joias, geralmente é uma mistura de ouro, prata e outros metais. Quando esses metais são fundidos e misturados, eles formam uma liga. Uma amostra da nova liga de ouro terá a mesma composição química de qualquer outra amostra dela. O aço inoxidável se comporta de maneira semelhante, sendo uma mistura de ferro, cromo e níquel, metais que se misturam perfeitamente e se tornam ligas.

> ### *Perguntas & respostas*
>
> **Por que os metais são misturados em ligas?**
> A liga tende a ter qualidades melhores que os metais originais. Por exemplo, se analisarmos um liga de ouro em comparação com o ouro não misturado, a liga terá propriedades melhores em termos de resistência e brilho.

Alguns tipos comuns de ligas são o amálgama (frequentemente usado por dentistas para preencher cavidades nos dentes, cujo principal metal é o mercúrio) e o latão (normalmente utilizado em dobradiças de portas e plugues elétricos, cujos principais metais são o cobre e o zinco) (Fonseca, 2019).

3.3.2 Soluções

Soluções são misturas homogêneas que envolvem um soluto e um solvente. A substância dissolvida é o soluto, enquanto o solvente é o líquido em que o soluto se dissolve. O soluto (pode ser líquido ou sólido) é dividido completamente em íons ou moléculas individuais, de modo que não possa mais ser visto como uma entidade separada.

Diz-se que um material é solúvel quando se dissolve completamente em um solvente. Por exemplo, ao dissolver o sal (soluto) em água (solvente), ele é dividido em íons sódio e cloro dentro do solvente. Essa mistura terá mesma aparência e sabor em todos os lugares do copo, bem como sal e água nas mesmas proporções.

De acordo com Fonseca (2019), para identificarmos uma solução, é necessário observarmos os seguintes aspectos:

- nenhuma partícula pode ser visível;
- a aparência deve ser clara;
- nada deve se acomodar no fundo da garrafa que a contém;
- não pode ser filtrada.

3.4 Misturas heterogêneas

É possível que uma mistura apresente duas ou mais fases separadas por limites. Muitas vezes, a separação pode ser vista a olho nu. Uma mistura que não tem propriedades e composição uniformes é chamada de *mistura heterogênea*.

Vamos considerar uma tigela de cereal com nozes, quando enchemos uma colher, ela terá um número de nozes, mas, se tentarmos repetir esse número de nozes em uma nova colher cheia, na maioria dos casos, a quantidade não será a mesma. Do mesmo modo, se analisarmos certa quantidade de areia do mar, perceberemos que suas partículas têm tamanhos variados e cores diferentes

As misturas heterogêneas são divididas em suspensões, emulsões e coloides, como veremos na sequência.

3.4.1 Suspensões

Uma mistura heterogênea de um líquido e um sólido é denominada *suspensão*. Geralmente, o sólido não se dissolve e pode ser visto a olho nu. Em algumas situações, os sólidos são pesados e grandes o suficiente para ocorrer a sedimentação (partículas se acomodando em camadas) no recipiente que os contém. Diferentemente dos coloides, as suspensões necessitam de agitação regular para se manterem bem misturadas.

As suspensões costumam envolver duas fases da matéria, pois, mesmo depois que os sólidos são misturados com o solvente (líquido), permanecem os mesmos. Segundo Fonseca (2019), as principais características das suspensões são:

1. apresentam aspecto turvo (não são tão claras quanto as soluções);
2. podem ser filtradas;
3. as partículas maiores assentam-se no fundo;
4. são misturas de duas fases.

Observe que as suspensões também podem envolver minúsculas partículas líquidas ou sólidas em um gás, como partículas de poeira, fuligem, sal ou gotículas de nuvens na atmosfera.

3.4.2 Emulsões

A emulsão é uma mistura de dois ou mais líquidos em que um acaba como gotículas muito pequenas dentro do outro. Muitas vezes, os líquidos envolvidos não são solúveis entre si, como a água e o óleo de cozinha, que, mesmo sacudidos e agitados em um mesmo recipiente, não se dissolvem um no outro, mas ficam como pedacinhos e poças no líquido principal. Emulsões se comportam dessa maneira.

As emulsões são mais viscosas do que o óleo ou a água que os contêm. Exemplos comuns de emulsões são sorvete, molho para salada e tinta.

Como muitas emulsões contêm água como uma das duas fases, são classificadas em duas categorias: (1) óleo em água e (2) água em óleo. As emulsões **óleo em água** são formadas por uma fase dispersa de gotículas de óleo em meio aquoso; já as emulsões **água em óleo** consistem em uma fase dispersa de água em meio oleoso. É possível distinguir os tipos de emulsão tendo como referência a fração de volume das duas fases (Fonseca, 2019).

3.4.3 Coloides

Um coloide, muitas vezes, parece-se com uma mistura homogênea. Quando visto de forma aumentada, é possível verificar que o soluto não se dissolve completamente e as partículas são grandes o suficiente, o que torna toda a mistura turva.

Os coloides são misturas nas quais os componentes têm a tendência de não se depositar quando deixados parados, pois a dispersão uniforme de partículas sólidas finas em um meio líquido.

3.5 Processos de mistura

Podemos pensar nos processos de misturas de duas maneiras: (1) quando misturamos gases e líquidos, a mistura acontece de modo mais fácil, espontaneamente, por meio de difusão; (2) quando o processo é realizado com componentes sólidos, a tarefa torna-se mais difícil, pois bastante energia é envolvida, sendo necessário em alguns casos, inclusive, realizar processos anteriores à mistura, como a moagem, que reduz o tamanho das partículas sólidas até que elas fiquem com granulometria bastante fina.

A mistura de componentes sólidos é muito utilizada na indústria; a fabricação de medicamentos e a composição de plásticos são exemplos.

Na mistura de sólidos, existem duas situações a se considerar: (1) materiais com alto grau de umidade e (2) materiais com baixo grau de umidade. Para

materiais úmidos, o processo é mais trabalhoso, sendo interessante utilizar meios úmidos para a execução da mistura; já quando trabalhamos com **materiais secos**, as partículas são de fácil escoamento, podendo-se realizar a mistura em um meio seco, sendo esse processo mais fácil se comparado ao processo de mistura úmido (Gomide, 1983).

3.5.1 Controle da operação

Quando misturamos fluidos, normalmente o resultado é homogêneo e uniforme, porém, em sólidos, a situação é um pouco diferente. De acordo com Gomide (1983, p. 221), "os sólidos particulados nunca atingem um estado de perfeita uniformidade ao serem misturados. O melhor que se consegue é um estado de desordem global média, isto é, um estado de dispersão das partículas que não prevalece à medida que a porção examinada vai ficando menor".

Durante a realização de um projeto de um misturador sólido, existem algumas dificuldades, desde conseguir medir ou estimar o grau da mistura que o equipamento será capaz de produzir, o que é feito utilizando métodos estáticos, até estimar o tempo que o equipamento necessita para atingir o grau de mistura desejado. Infelizmente, apenas conhecimento teórico e cálculos estáticos não são suficientes para resolver esses problemas; é preciso utilizar experimentos e ensaios que simulem o ambiente industrial no qual os processos ocorrerão.

Existem três mecanismos presentes na mistura de sólidos:

1º) *Convecção*
Por este mecanismo, grupos de partículas movem-se de um ponto a outro do sólido granular, como na convecção fluida, dando origem à denominada *mistura convectiva*.

2º) *Difusão*
Agora são partículas isoladas que se movimentam através das interfaces recém-criadas na massa do sólido durante a operação. Este mecanismo assemelha-se à difusão fluida e por isso a operação é denominada *mistura por difusão*.

3º) *Cisalhamento*
Planos de escorregamento são formados no seio do sólido granular durante a mistura, provocando o deslocamento relativo de porções mais ou menos grandes de material de um ponto a outro da batelada [...]. (Gomide, 1983, p. 222, grifo do original)

Esses mecanismos podem ocorrer simultânea ou individualmente nos processos de mistura. A maioria dos misturadores helicoidais de fita, por exemplo, apresentam misturas puramente convectivas, já em misturadores de tambor é possível observar misturas por difusão e cisalhamento (Gomide, 1983).

3.5.2 Equipamentos para mistura

Na indústria, existem vários modelos de equipamentos utilizados para o processo de mistura. A seguir, conheceremos mais sobre esses dispositivos.

O misturador mais comum é o tambor rotativo com chicanas radiais. Na operação desse equipamento, o material é carregado até a metade do tambor no qual é realizada a mistura e o ciclo de operação dura em torno de 5 a 20 minutos. Após a realização da operação de mistura, o material é retirado do equipamento por uma abertura lateral no tambor. O acionamento é feito por engrenagens e correias, as quais variam de acordo com o tamanho e a capacidade de carga do equipamento. O consumo de energia, geralmente, é menor quando comparado aos equipamentos de mistura helicoidais de fia de aço (Gomide, 1983).

Um tipo de tambor rotativo bastante conhecido e utilizado na construção civil é a betoneira (Figura 3.1), que costuma ser utilizada no preparo do concreto. Nela, a carga e a descarga do material são realizadas pelo mesmo local, a boca do tambor, que costuma ser basculante (Gomide, 1983).

Figura 3.1 – Betoneira

Lana Kray/Shutterstock

Outro tipo são os misturadores de impacto (Figura 3.2), que são recomendados para

sólidos muito finos, como os inseticidas e alguns produtos farmacêuticos. Os ingredientes bem secos são alimentados continuamente no centro de um disco de 20 a 70cm de diâmetro, girando em alta rotação (1.750 a 3.500 rpm [rotações por minuto]) no interior de uma carcaça [...]. Geralmente o disco é horizontal, mas também há modelos com discos verticais. A mistura é realizada durante o impacto das partículas contra a carcaça. Misturadores deste tipo podem ser utilizados em série, a fim de melhorar a uniformização. A capacidade varia entre 1 e 25 t/h [tonelada por hora] para materiais de escoamento fácil. (Gomide, 1983, p. 218)

Figura 3.2 – Estrutura de um misturador de impacto

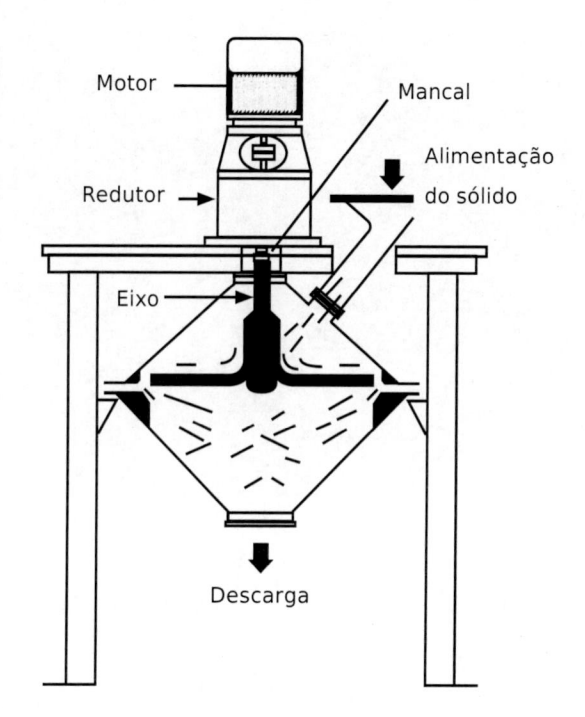

Fonte: Gomide, 1983, p. 219.

Muito comum em usos industriais, os misturadores em V (Figura 3.3) apresentam dois cilindros curtos, unidos pela base em um ângulo aproximado de 90°, que giram em tomo de um eixo horizontal. É possível que os cilindros tenham comprimentos diferentes de acordo com a finalidade do equipamento. O tempo de mistura gira em torno de 5 a 20 minutos. Esses equipamentos, quando contam com vários "Vs" em série, são denominados *misturador em zig-zag* (Gomide, 1983).

Figura 3.3 – Estrutura de um misturador em V

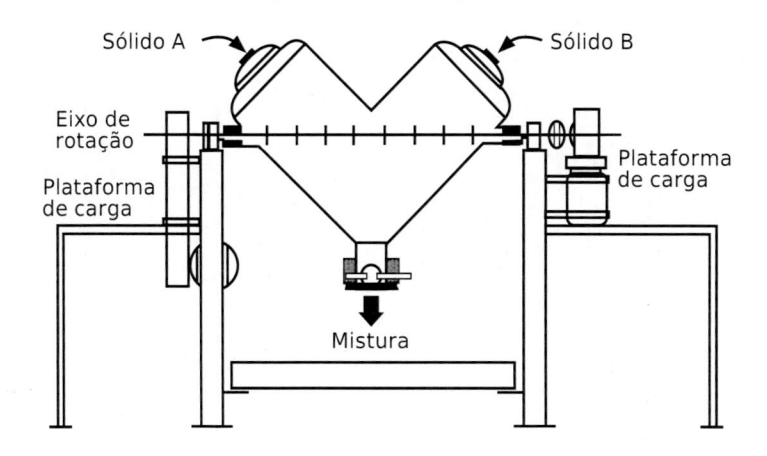

Fonte: Gomide, 1983, p. 219.

O último misturador do qual trataremos aqui é o de duplo cone (Figura 3.4), que tem como característica construtiva a formação pela conexão de dois cones que giram em torno de um eixo. A carga e a descarga de material da mistura são realizadas pelos vértices do misturador. Algumas configurações desse equipamento contam com agitadores internos que possibilitam a realização da mistura em até 2 minutos (Gomide, 1983).

Figura 3.4 – Estrutura de um misturador de duplo cone

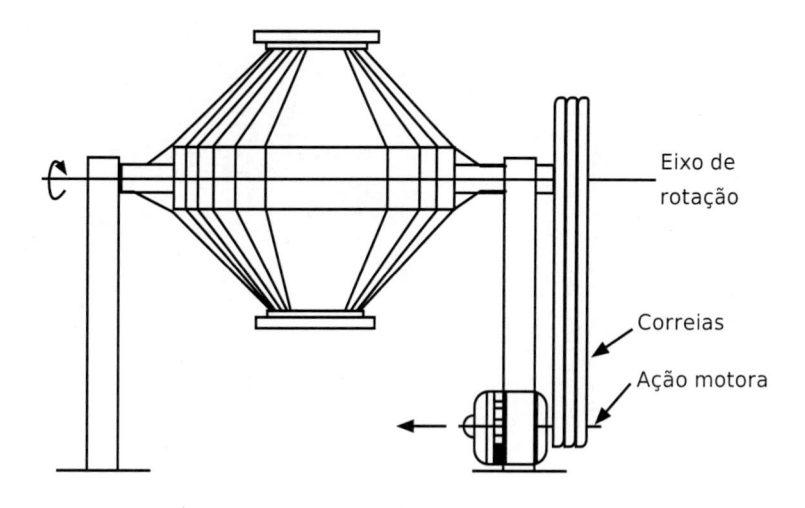

Fonte: Gomide, 1983, p. 220.

Todos os misturadores que conferimos funcionam comumente por batelada, tipo de operação com processos contínuos que possibilita o controle da mistura de modo mais facilitado, motivo pelo qual é utilizado com maior frequência no meio industrial (Gomide, 1983).

3.6 Processo de agitação

A agitação tem como objetivo misturar componentes sólidos, líquidos ou pastosos, bem como buscar maior homogeneidade em componentes que apresentam mais de uma fase. Esse processo ocorre por meio de equipamentos que realizam a agitação forçada dos componentes.

Conforme Cremasco (2014, p. 97):

> A agitação, por si só, refere-se à movimentação de uma determinada fase, usualmente, líquida. As técnicas de agitação e mistura são encontradas em diversos processos dentro de indústrias de transformação, principalmente como equipamentos destinados à promoção de reações químicas, trocadores de calor e de massa, podendo-se citar: reatores CSTR; tanques de floculação; tanques de dissolução de ácidos, base; tanques de dispersão de gases; tanques de extração; tanques de retenção de produto em processamento.

Entre os equipamentos mais comumente utilizados para esse fim estão os tanques de agitação, que têm como objetivo realizar a mistura de meios líquidos, líquidos-sólidos ou, até mesmo, líquidos-sólidos-gasosos (Cremasco, 2014). Vamos conferir um exemplo na Figura 3.5.

Figura 3.5 – Estrutura de um tanque de agitação

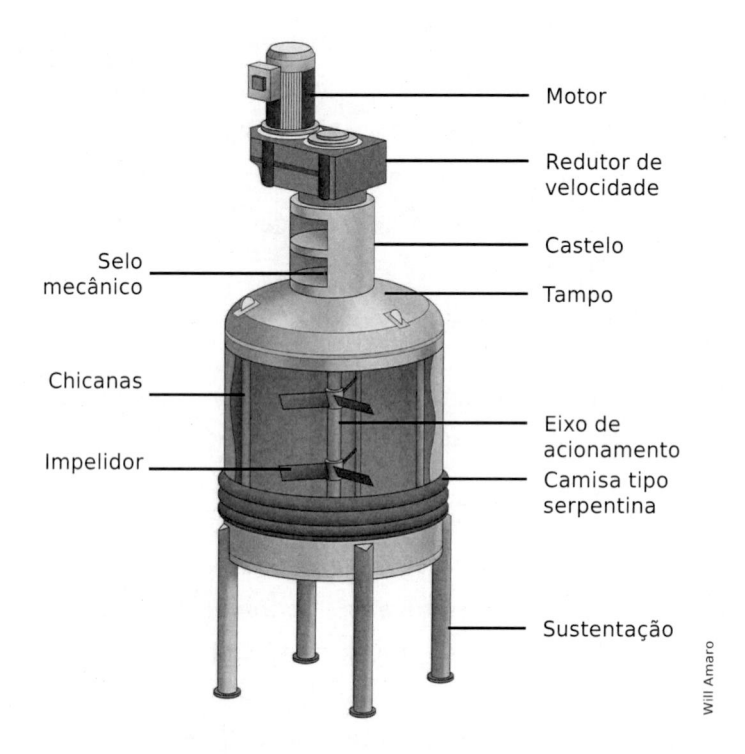

- Motor
- Redutor de velocidade
- Castelo
- Tampo
- Selo mecânico
- Chicanas
- Impelidor
- Eixo de acionamento
- Camisa tipo serpentina
- Sustentação

Will Amaro

Fonte: Cremasco, 2014, p. 98.

Por vezes, esses equipamentos podem ser complexos, com muitos acessórios, os quais facilitam e homogeneízam a mistura. Contudo, de acordo com Cremasco (2014), as partes essenciais são as seguintes:

- **Tanque**: Reservatório com formato costumeiramente cilíndrico. Quando ele é pressurizado, o equipamento conta com tampas especiais para vedação, de formato geralmente abaulado.

- **Impelidores**: Dispositivos que têm o objetivo de transmitir movimento aos componentes da mistura.
- **Motorredutor**: Sistema composto de um motor hidráulico ou elétrico e um redutor de velocidade, ambos objetivando proporcionar a rotação exigida para a mistura.
- **Castelo**: Estrutura que serve de suporte para o conjunto motorredutor e na qual são instalados os mancais e o sistema de vedação do tanque.
- **Camisas ou serpentinas**: Acessórios responsáveis por manter a temperatura constante durante a operação de mistura.
- **Chicanas ou defletores**: Acessórios em forma de chapas instalados na parede interna do reservatório. Sua finalidade é redirecionar o fluxo da mistura, eliminando o problema de vórtice.
- **Eixo de acionamento**: Parte empregada para realizar transmissão de movimento ao fluido.

3.6.1 Impelidores

Dentro dos tanques de equipamentos de agitação, é comum o uso de impelidores, os quais variam em formato e quantidade, dependendo do processo de mistura.

Curiosidade

Você já reparou que a máquina de lavar funciona como um agitador? Algumas máquinas têm impelidores, outras, agitadores, mas qual a diferença?

Segundo a Front & Center (2020, tradução nossa),

> impulsores e agitadores são dispositivos disponíveis em lavadoras com entrada de roupas na parte superior que limpam as roupas movendo-as durante o ciclo de lavagem. Ambos podem ser encontrados em modelos de lavadoras de alta eficiência, o que os torna ideais para economizar energia e água. Mas, embora ambos façam um ótimo trabalho de limpeza de roupas, eles o fazem de maneiras ligeiramente distintas.
>
> Os agitadores são dispositivos semelhantes a eixos com aletas encontrados no centro do tambor de lavagem da máquina (o tipo mais comum). Durante o ciclo de lavagem, eles torcem, giram e movem as roupas na água, agitando-as, que é o modo como as roupas são limpas. Embora o movimento do agitador varie de acordo com o modo de lavagem (delicado, padrão ou pesado), vale dizer que ele não é muito suave com as roupas.
>
> [...]
>
> Quanto aos impulsores, eles são frequentemente encontrados em máquinas de lavar de alta eficiência e são considerados mais suaves, pois nunca fazem contato físico com as roupas. Em vez disso, as palhetas do rotor giram e criam correntes na água. Essas correntes movem as roupas pela água, esfregando-as e lavando-as no processo.

Os impelidores podem ser classificados de diversas formas, aqui usaremos a classificação por *design* e por tipo de fluxo que geram no equipamento. Segundo Cremasco (2014), esses equipamentos podem ser dos seguintes tipos:

- **Turbina**: Apresenta lâminas com ângulo de inclinação e, em alguns casos, curvas. "A ação de mistura se dá pela entrada e descarga de líquido pelas lâminas nas turbinas com fluxo radial que atinge as paredes do recipiente. Esse fluxo divide-se em correntes e provoca mistura devido a sua energia cinética" (Cremasco, 2014, p. 101). Suas lâminas apresentam diversos tipos, os mais comuns são:
  - **pás retas 90°** – em sua maioria, proporciona fluxo radial e conta com quatro ou mais pás, normalmente utilizadas em agitação de fluidos viscosos. Alguns modelos, porém, podem ser usados para a mistura de fluidos pouco viscoso, sendo denominados *turbinas de Rushton*;
  - **pás inclinadas** – a maioria do fluxo desse impelidor é axial, sendo bastante utilizado quando a mistura tem uma suspensão de sólidos. Esse tipo de impelidor apresenta pás posicionadas à 45°.
- **Hélice**: Tem o objetivo de transformar o movimento de rotação do motor em um movimento axial, de modo a bombear a mistura no interior do tanque. Normalmente, é utilizado em emulsões de baixa viscosidade. Esse impelidor também é chamado de *hélice naval*, por sua aplicação comum no ramo naval.

- **Pás**: São constituídas de duas ou mais lâminas na vertical. Sua vantagem é a simplicidade de construção, o que proporciona baixo custo, mas apresenta a desvantagem de gerar baixo fluxo axial, o que prejudica a homogeneização da mistura. Existem diferentes impelidores do tipo pá, e entre os mais comuns estão:
    - **espiral dupla ou helicoidal ribon** – tem fluxo misto, com a pá interna movendo o fluido para baixo e a externa, para cima. São utilizadas "para fluidos newtonianos de viscosidade elevada e para fluidos não newtonianos que apresentam alta consistência, como aqueles encontrados na indústria alimentícia" (Cremasco, 2014, p. 103);
    - **âncora** – apresenta fluxo tangencial, utilizando-se, frequentemente, de raspadores. Esse tipo costuma ser "indicado quando se opera com fluidos que apresentam consistência elevada" (Cremasco, 2014, p. 103).

Dependendo do *design*, o impelidor terá um fluxo de escoamento da mistura específico. Esses padrões de fluxo, de acordo com Cremasco (2014), são classificados em três componentes:

1. **Radial:** A direção de descarga do fluido parte do impelidor e coincide com a direção normal do eixo de acionamento. Nesse fluxo, o líquido é direcionado para a parede do reservatório ao longo do raio do tanque.

2. **Axial de velocidade**: Tem direção do líquido paralela ao eixo de acionamento. Nesse fluxo, o líquido é direcionado para a base do reator, estando paralelo ao eixo do impelidor.
3. **Tangencial**: Tem movimento circular ao redor do eixo de acionamento.

Vale destacar que todos esses componentes coexistem durante um processo de mistura, mas sempre há o predomínio de um deles, conforme o *design* do equipamento.

Figura 3.6 – Padrões de escoamento

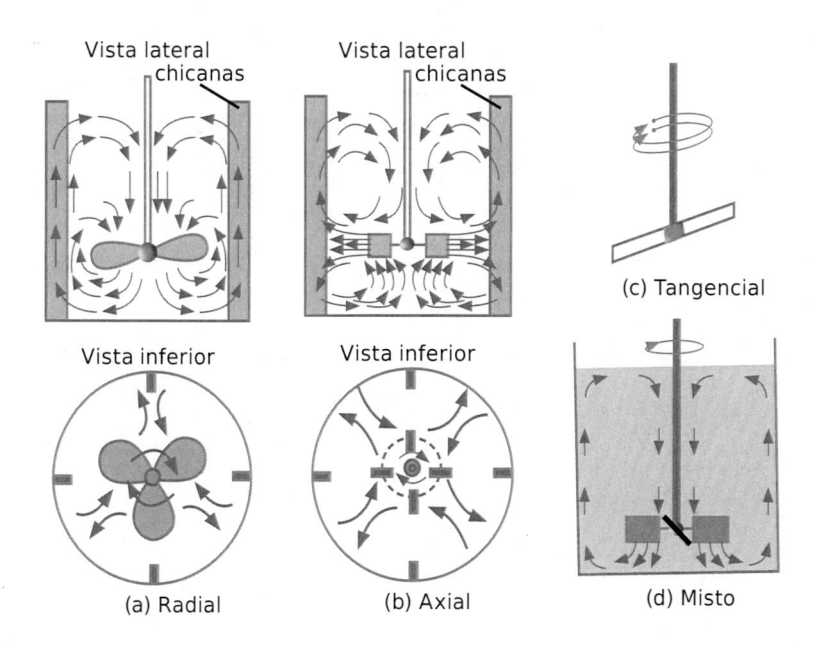

(a) Radial
(b) Axial
(c) Tangencial
(d) Misto

Fonte: Cremasco, 2014, p. 100.

Na maioria dos casos, busca-se o maior grau de homogeneização da mistura, o que é dificultado quando há um alto componente tangencial. Nesses casos, a mistura com partículas sólidas terá essas partículas lançadas para fora do vórtice, deixando-as coladas à parede do tanque do misturador. Uma solução para evitar esse problema é a adição de chicanas na parte interna do tanque (Cremasco, 2014).

Separação de misturas

4

Os processos de separação constituem parte importante das indústrias, principalmente químicas, petrolíferas, alimentícias e de processamento de materiais. Atualmente, por exemplo, a necessidade de produtos químicos mais purificados é imperativa, motivo pelo qual a seleção adequada de uma técnica de separação e a compreensão profunda de seus princípios de operação são muito importantes e críticos.

4.1 Conceito de separação

Em química e engenharia química, a separação é o meio pelo qual uma mistura de substâncias é transformada em dois ou mais produtos distintos. A escolha do processo mais adequado para realizá-la depende de quais componentes serão separados, mas os princípios básicos do método são sempre os mesmos (Isenmann, 2013).

Desse modo, são diversos os critérios utilizados para separar misturas: com base no tamanho, na massa ou na densidade, nas reações de complexação, no estado, entre outros. Considerando esses critérios, diversos são os processos de separação existentes. Trataremos detalhadamente de alguns deles para melhor compreensão de como são aplicados nas indústrias.

4.2 Filtração

A filtração é utilizada para separar partículas sólidas de um fluido. Nesse processo, a solução passa por um meio poroso dimensionado para remover partículas sólidas em suspensão ou precipitados químicos que não foram retidos em processos anteriores (sedimentação e flotação, por exemplo); o sólido, assim, deposita-se no meio poroso.

O meio poroso que causa a retenção dos sólidos e permite a passagem do líquido é chamado de *meio filtrante*, enquanto o líquido que escoa pelo meio poroso é nomeado de *filtrado* e, por fim, o acúmulo de sólidos depositados no meio filtrante denomina-se *torta*.

Figura 4.1 – Processo de filtração

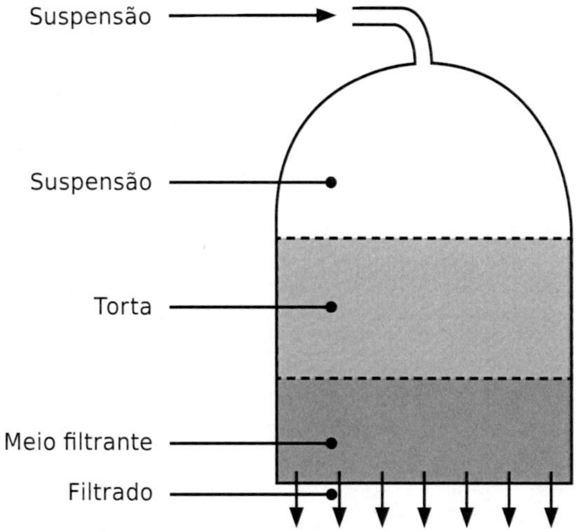

Fonte: Cremasco, 2014, p. 355.

É necessário escolher o meio filtrante mais adequado para cada mistura, pois a qualidade do produto-final está intimamente ligada a essa escolha. Segundo Cremasco (2014, p. 360), os fatores que precisam ser observados na escolha de um meio filtrante referem-se a sua capacidade de:

> produzir um filtrado límpido; possibilitar uma retirada fácil da torta; ser resistente o bastante para não sofrer fissuras, romper-se ou mesmo para não sofrer ataque químico dos constituintes presentes na suspensão a ser tratada; apresentar boa e adequada distribuição de poros de modo a não comprometer o curso da filtração e que apresente baixo custo e de fácil limpeza.

Existem inúmeros materiais utilizados para fabricar meios filtrantes, entre os quais os mais empregados são algodão, polímeros sintéticos resistentes a produtos químicos e tolerantes à temperatura, metais, cascalho, areia, antracito e carvão ativado (Cremasco, 2014).

Do mesmo modo, as características do sólido influenciam diretamente na forma de compactação das tortas, que podem ser *compressíveis*, quando sofrem deformação ao serem compactadas, e *incompressíveis*, quando apresentam resistência ao escoamento constante. No processo de filtração, o produto esperado pode ser o fluido clarificado, como no tratamento da água, ou a própria torta resultante do processo de filtração (Cremasco, 2014).

A filtração pode ser de dois tipos: (1) simples, quando o processo apresenta uma força que empurra a torta de filtração pelo meio filtrante; e (2) centrífuga, na qual a força centrífuga atua para executar a operação. Porém, vale destacar que existem casos que empregam ambos os tipos (Cremasco, 2014).

A filtração é encontrada na indústria química em diferentes tipos de processamento, por exemplo, na fabricação de papel e de cerveja e no tratamento de efluentes industriais e domésticos (Cremasco, 2014).

Os equipamentos de filtração, na maioria das aplicações, são operados por bateladas, de modo que a torta de filtragem é retirada a cada ciclo de filtração; porém existem algumas aplicações em que os equipamentos operam de maneira contínua. Os filtros são classificados como de pressão e a vácuo. Veremos detalhadamente cada um deles a seguir.

4.2.1 Filtros de pressão

Os filtros de pressão podem trabalhar por batelada ou de modo contínuo. Quando trabalham em batelada, operam fechados, como os filtros que têm placas horizontais, folhas verticais, velas e cartuchos (filtro tipo Nutsch), ou abertos, como o filtro prensa.

Já quando são de operação contínua, trabalham em regime pressurizado. Os de leito poroso granular ou leito fixo são os mais empregados em processos industriais, sendo bastante utilizados quando há pequenas quantidades de particulados em grandes volumes de suspensão. Um exemplo são as estações de tratamento de água, nas quais esse filtro é instalado para clarificar o líquido (Cremasco, 2014). Esses filtros têm como característica construtiva uma ou mais camadas de material granular, que pode ser antracito, areia ou até mesmo cascalho, dependendo da aplicação. Segundo Cremasco (2014, p. 356-357):

> Os filtros granulares apresentam mecanismos de filtração governados por características físicas e químicas da suspensão a ser filtrada, das camadas de material granulado, que atua como meio filtrante, e do método de operação dos filtros [...]. À medida que aumenta o volume de material depositado no elemento filtrante, a velocidade intersticial do líquido aumenta, tendo em vista a diminuição da porosidade dos aglomerados que compõem o meio filtrante, aumentando a queda de pressão do equipamento até um determinado limite, no qual se exigirá a lavagem do meio filtrante por meio da inversão do fluxo do filtrado (água) ou retrolavagem. Para tanto, injeta-se o filtrado na base do equipamento em tal fluxo que se permita a fluidização do meio filtrante.

Figura 4.2 – Exemplo de filtro simples de areia dupla camada

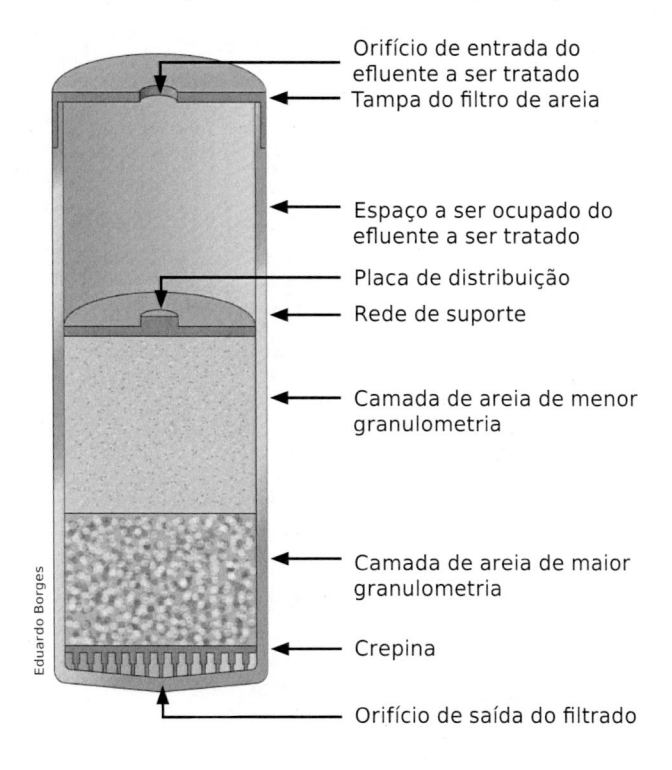

- Orifício de entrada do efluente a ser tratado
- Tampa do filtro de areia
- Espaço a ser ocupado do efluente a ser tratado
- Placa de distribuição
- Rede de suporte
- Camada de areia de menor granulometria
- Camada de areia de maior granulometria
- Crepina
- Orifício de saída do filtrado

Fonte: Cremasco, 2014, p. 357.

Em grande parte dos filtros, o material granular é arranjado em camadas, de modo que o particulado de maior diâmetro esteja depositado sobre a grade de suporte na base inferior do equipamento. Assim, o material granular vai diminuindo de tamanho, ficando o com maior granulometria no fundo do equipamento e o com menor granulometria na parte superior. Essa disposição tem como objetivo facilitar a fluidização para retrolavagem (Cremasco, 2014).

Outro tipo de filtro muito utilizado nas indústrias é o prensa. Esse equipamento tem como característica mecânica construtiva o uso de quadros e placas separados pelo meio filtrante.

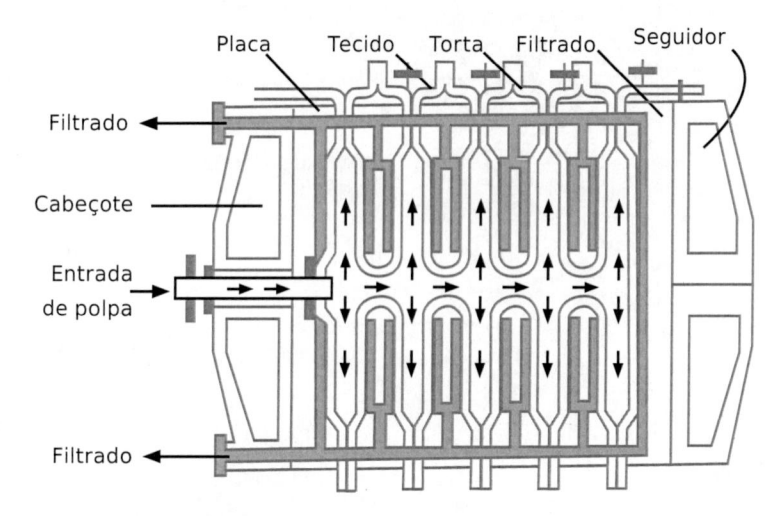

Figura 4.3 – Exemplo de filtro prensa

Fonte: Cremasco, 2014, p. 358.

Nesses filtros, "a suspensão é bombeada à prensa e escoa através das armações. As partículas, por sua vez, acumulam-se dentro da armação, levando à formação da torta. O filtrado escoa entre o meio filtrante e as placas pelos canais de passagem e sai pela parte inferior de cada placa" (Cremasco, 2014, p. 357). Esse processo segue até o momento em que a armação fica completamente preenchida pela torta. Após esse preenchimento, o ciclo de filtragem é encerrado e faz-se a lavagem da torta. Na sequência, o filtro é aberto e a torta descarregada; depois, inicia-se a operação de filtragem mais uma vez (Cremasco, 2014).

4.2.2 Filtros à vácuo

Umas das diferenças da filtração a vácuo é a entrada da mistura a ser filtrada tanto pela parte superior quanto pela parte inferior do equipamento de filtragem. Como exemplo de alimentação pela base do equipamento, podemos citar os filtros rotativos tipo tambor; e como exemplo de alimentação pelo topo, temos o filtro horizontal, o filtro mesa e o filtro Nush.

> **Fique atento!**
>
> Vale destacar que os filtros granulares também podem operar em regime de vácuo. Nessa situação, sua capacidade de filtragem será maior, proporcionando mais rendimento ao equipamento.

De acordo com Cremasco (2014, p. 359, grifo do original):

> Dentre os filtros mais utilizados na indústria, está o **filtro contínuo de tambor rotativo a vácuo** [...]. Estes equipamentos são os filtros usualmente utilizados na indústria sucroalcooleira no Brasil, em decorrência do tipo de tratamento utilizado na clarificação do caldo de cana, que é a sulfitação. A operação do filtro rotativo a vácuo caracteriza-se por produzir tortas secas de

pequena espessura (inferior a 0,8 atm). A filtração é realizada sobre o meio filtrante que recobre a superfície cilíndrica do equipamento.

Figura 4.4 – Exemplo de filtro rotativo a vácuo

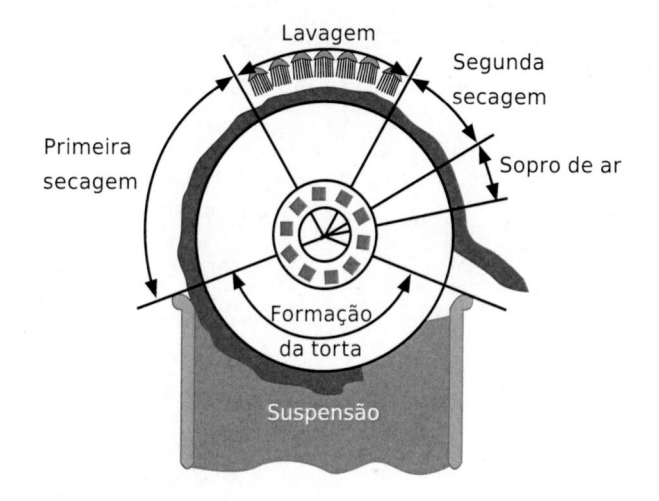

[Figura: diagrama de filtro rotativo a vácuo com indicações de Lavagem, Segunda secagem, Sopro de ar, Formação da torta, Suspensão e Primeira secagem]

Fonte: Cremasco, 2018, p. 359.

4.3 Centrifugação

Segundo Barbosa (2015), a centrifugação utiliza a força centrífuga produzida pela rotação da mistura para sedimentar líquidos imiscíveis de diferentes densidades com o objetivo de separá-los. Nesse processo, a força centrífuga é gerada pela rotação de um tambor em torno de um eixo que simula a gravidade em sentido contrário. Assim, a gravidade atrai a matéria para o centro do eixo enquanto a força centrífuga empurra a matéria no sentido oposto, isto é, até o fundo do recipiente ou do tambor. Nos processos de centrifugação, é comum a utilização de bombeamento para o transporte dos líquidos envolvidos. Esse processo é bastante utilizado em aplicações laboratoriais, industriais e domésticas.

Figura 4.5 – Exemplo centrifugadora

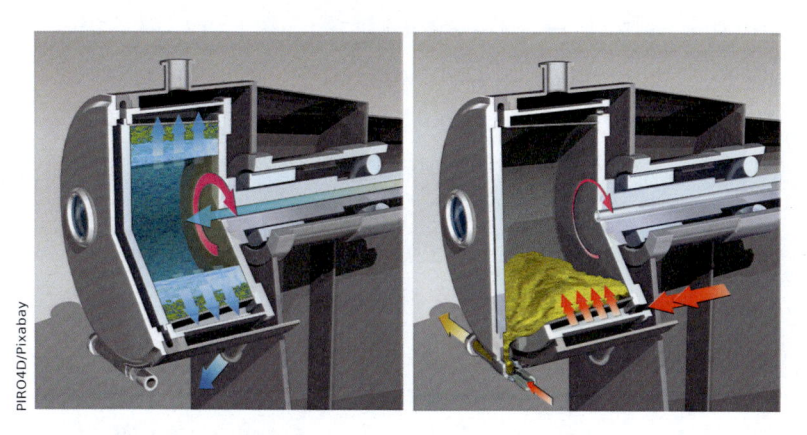

PIRO4D/Pixabay

Um dos parâmetros dos equipamentos de centrifugação é a velocidade do eixo: quanto maior ela for, maior será a força centrífuga aplicada aos materiais da mistura. Para que a separação dos componentes ocorra, é preciso que os elementos presentes na mistura apresentem diferença de densidade e que a centrífuga forneça ao sistema força suficiente para possibilitar a movimentação das partículas através do meio líquido.

Vale salientar que os líquidos apresentam viscosidades diferentes, assim, quanto maior for a viscosidade do líquido, mais difícil será a movimentação de uma partícula através dele, necessitando de mais força centrífuga do equipamento. Por exemplo: uma pedra jogada na água afundará rapidamente, mas se jogarmos a mesma pedra em um recipiente com mel, ela levará mais tempo para afundar. Isso acontece em razão da diferença de viscosidade entre a água e o mel.

Dessa forma, podemos concluir que, nas situações em que o líquido apresentar alta viscosidade, será preciso que o equipamento de centrifugação tenha uma rotação maior para gerar a separação da mistura, bem como que, com maior rotação da centrífuga, menor será o tempo de separação dos componentes, reduzindo o tempo do ciclo da operação, isto é, quanto mais rotações por minuto (RPM), menor será o tempo do ciclo da operação.

No entanto, é importante observar que alguns materiais podem ser sensíveis à ação mecânica gerada pela força centrífuga e, se forem expostos a uma força maior do que podem suportar, podem sofrer danos.

Para melhor compreensão, vamos analisar o exemplo dos glóbulos vermelhos no sangue: eles são células que têm sua constituição bastante parecida com pequenas cápsulas cheias de líquido; quando essas cápsulas são expostas a uma força centrífuga elevada, podem se romper, e mesmo que seu processo de sedimentação ocorra, a ruptura poderá afetar o resultado analisado.

As centrífugas podem ser utilizadas para separar líquidos imiscíveis, como as emulsões – quando dois líquidos imiscíveis são agitados, como água e óleo, as duas fases tendem a formar gotículas, fenômeno denominado *emulsão*. Quando paramos de agitar uma emulsão, as gotículas de cada material tendem a se unir ou coalescer, ocasionando a separação das fases. Para gerar a separação dessa mistura, a centrífuga necessita fornecer energia suficiente para vencer a viscosidade dos líquidos e proporcionar o encontro das gotículas (Isenmann, 2013).

As centrífugas, de acordo com Barbosa (2015), podem ser de dois tipos principais:

1. **Refugo**: Apresentam uma base com furos que impossibilita a passagem dos sólidos, de modo que os líquidos possam sair da centrífuga em movimento. Esse é o caso da função centrífuga das lavadoras de roupas.
2. **Sedimentação**: Não apresentam furos e a mistura permanece dentro do cesto da centrífuga; a separação acontece por sedimentação.

Todavia, também podemos classificar as centrífugas quanto ao tipo de construção:

- **Separadores líquido-líquido**: Podem ser de câmara tubular, também denominadas *sharples*, que são aplicadas na separação de gorduras animais e óleos vegetais, bem como na clarificação de sucos de frutas; e de câmara e disco, utilizadas para o beneficiamento do leite, no processo de separação do creme de leite, no refino de óleos vegetais e animais e também na clarificação de sucos de frutas.

- **Clarificadoras e para lodos**: Utilizadas na clarificação de líquidos que apresentam pequena concentração de sólidos em suspensão, como na separação de gorduras animais e óleos vegetais, na clarificação de sucos de frutas e cervejas, na separação da água do amido de milho, do trigo e do arroz.
- **Cesto filtrante**: Contam com um cesto como elemento filtrante e são bastante utilizadas na separação de partículas sólidas consideradas grandes, por exemplo, bagaço de frutas dos sucos industrializados, gordura e soro de queijos, impurezas de óleos vegetais, entre outros. A máquina de lavar roupas tem um cesto filtrante, que é adequado para separar a solução ou a emulsão aquosa da roupa.
A esse tipo de centrifugação nomeamos *hidroextração*, que nada mais é que o processo que retira o excesso de água do elemento principal sólido, no caso, a roupa.

4.4 Tamisação

No processo de tamisação, também conhecido como *peneiramento*, a separação acontece por meio de uma superfície perfurada, denominada *tamis* ou *peneira*. Seu objetivo é realizar a separação de materiais sólidos granulados de diversos tamanhos em duas ou mais partes, sendo que cada uma terá maior uniformidade no tamanho dos grãos se comparado com a mistura original. É importante que não haja reação química entre a tamis e o produto a ser peneirado, pois isso causaria avarias e prejudicaria o processo de peneiramento.

A tamisação pode ser utilizada depois da desintegração para separar as partículas irregulares e heterogêneas, uma vez que, por padrão, elas devem apresentar formato esférico, de modo a facilitar a análise e o estudo.

A tamis é constituída por uma superfície com aberturas de tamanhos iguais, podendo ser plana (horizontal ou inclinada) ou cilíndrica. Os materiais utilizados para sua confecção dependem do tamanho da abertura por onde as partículas passarão e do peso destas. Exemplos de materiais são tela metálica, seda, plástico, chapa perfurada etc. (Barbosa, 2015).

Figura 4.6 – Exemplo de material utilizado para a tamisação

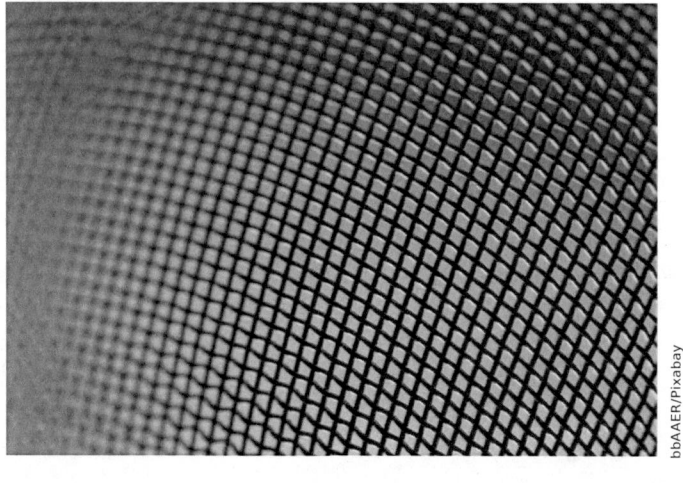

bbAAER/Pixabay

O fio que constitui a tamis tem diâmetro que pode variar, dentro de certos limites, para se adequar ao processo empregado. O número da tamis indica a abertura das malhas em micro, a qual é padronizada; já o número de mesh significa o número de aberturas por polegada linear de uma tamis contadas a partir do centro de qualquer fio até um ponto distante de uma polegada (2,54 mm). Desse modo, o número da tamis é igual ao número de mesh. Pela lógica, quanto maior for o número de mesh, menor será a abertura da malha (Gomide, 1983).

A série Tyler é a forma de padronização da tamis mais utilizada no Brasil. Essa padronização é constituída por 14 peneiras, tendo como base uma peneira de 200 malhas por polegada (200 mesh), confeccionada por fios de 0,053 mm de espessura, com uma abertura livre de 0,074 mm.

Ao utilizar apenas uma peneira, temos a separação de duas frações que são chamadas de *não classificadas*, pois só uma das medidas extremas de cada fração é conhecida: a maior partícula da fração fina e a menor da fração grossa. Utilizando mais de uma peneira, conseguimos obter porções classificadas dos componentes que estamos processando, atendendo as diferentes especificações de tamanho máximo e mínimo das partículas. Quando as porções são classificadas, o processo executado é denominado *classificação granulométrica*, e *granulometria* é o termo utilizado para se referir ao tamanho de um material (partículas).

Com relação a seu tamanho, os sólidos particulados, de acordo com Gomide (1983), podem ser diferenciados em cinco tipos:

1. **pós**: partículas de 1 μm até 0,5 mm (1 μm = 10^{-6} m);
2. **sólidos granulares**: partículas de 0,5 a 10 mm;
3. **blocos pequenos**: de 1 a 5 cm;
4. **blocos médios**: de 5 a 15 cm;
5. **blocos grandes**: > 15 cm.

O processo de tamisação pode ser efetuado com o material em dois estados distintos:

1. **A seco**: Material que contém no máximo 5% de umidade.
2. **A úmido**: Material que contém umidade superior a 5% ou processo no qual a água é adicionada para elevar o rendimento.

Quanto aos tipos de equipamento, a tamisação apresenta três divisões:

1. **Grelhas**: Constituídas por barras metálicas paralelas, mantendo um espaçamento padrão entre as barras.
2. **Crivos**: Formados por chapas metálicas planas ou curvas perfuradas, cujos furos apresentam formas variadas e dimensão padronizada.

3. **Telas**: Compostas de fios metálicos trançados em duas direções, formando uma malha com aberturas de dimensões padronizadas que podem ser quadradas ou retangulares.

Além dessa divisão, os tipos de equipamento podem ser classificados, conforme o movimento, em *fixos* e *móveis*. Nos **fixos**, a força que atua é a da gravidade, motivo pelo qual esses equipamentos apresentam superfície inclinada. São exemplos:

- **Grelhas fixas**: Constituídas por um conjunto de barras paralelas com espaçamento padronizado e inclinado na direção do fluxo – o grau de inclinação varia entre 35° a 45°. A eficiência desse equipamento é baixa (em torno de 60%).
- **Peneiras fixas**: Também chamadas de *DSM* (*Dutch State Mines*), são empregadas para realizar a separação precisa de suspensões de partículas finas. São formadas por uma base curva e confeccionadas com fios paralelos, formando um ângulo de 90° com a alimentação. A alimentação é realizada pelo bombeamento do material na parte superior da peneira.

Exemplos de equipamentos móveis são:

- **Grelhas vibratórias**: Bastante parecidas com às grelhas fixas; a diferença é que sua superfície conta com vibração para auxiliar no processo.

- **Peneiras rotativas**: Apresentam superfície de peneiramento cilíndrica ou levemente cônica que gira em torno do eixo longitudinal, o qual tem uma inclinação entre 4° e 10°, variando em função da aplicação e do material utilizado. O processo de peneiramento é executado a úmido ou a seco, e entre suas vantagens estão simplicidade de construção e operação, baixo custo de aquisição e durabilidade.
- **Peneiras vibratórias**: Tem vibração caracterizada por impulsos rápidos com pequena amplitude (1,5 a 25 mm) e alta frequência (600 a 3.600 movimentos por minuto), gerados por mecanismos elétricos ou mecânicos. Existem duas categorias para as peneiras vibratórias:
  - Peneiras com movimento vibratório retilíneo ao plano normal à superfície de peneiramento;
  - Peneiras vibratórias horizontais, com o movimento circular nesse mesmo plano.
- **Crivos**: Formados por chapas metálicas planas ou curvas perfuradas por um sistema de furos diferentes de acordo com o processo para o qual serão utilizados.

Algumas variáveis influenciam diretamente no processo de tamisação, como: movimentação – necessária à execução do processo; velocidade de alimentação – não pode ser exagerada, caso contrário, sobrecarregará o equipamento; inclinação – deve ser adequada e servir de auxílio para trabalhar com velocidade constante (contínuo); tamanho da partícula – precisa ser adequado ao número de mesh do equipamento; umidade – se não for adequada, as partículas tenderão a aglomerar e obstruir a tamis; estado da malha – precisa ser reta e não pode ceder; mofo ou ferrugem – são causados pela água e não podem estar presentes; obstrução das aberturas – diminuem a eficiência do processo; e movimentos de oscilação e vibração – quando adequados, aumentam a eficiência do processo (Barbosa, 2015).

4.5 Moagem

A moagem se trata de um processo de desintegração ou redução de tamanho de um sólido utilizando forças de impacto, compressão e abrasão. O processo de moagem aumenta a área superficial do sólido, uniformizando tamanhos e aumentando a eficiência de etapas de processamento posteriores, isso porque, na maior parte das reações que envolvem partículas sólidas, a velocidade é diretamente proporcional à área de contato com a segunda fase.

Na indústria química, existem diferentes motivos para realizar a subdivisão de sólidos, como para permitir a separação de dois constituintes, especialmente quando um está disperso em pequenas bolsas isoladas em meio ao outro. Também pode acontecer de as propriedades de um material serem bastante impactadas pelo tamanho das partículas, por exemplo, a reatividade química de partículas finas é maior que a de partículas grossas.

Por outro lado, conseguimos uma mistura muito mais íntima dos sólidos se o tamanho das partículas for pequeno. Investigações quanto à distribuição da energia fornecida a moinhos levou à conclusão de que a energia é utilizada para:

- produzir deformação elástica das partículas antes de ocorrer a fratura;
- produzir deformação não elástica, que origina redução de tamanho;
- causar distorção elástica do equipamento;
- friccionar partículas entre si e com a máquina;
- produzir calor e vibração na instalação;
- proporcionar perda de atrito na própria instalação.

A estimativa é de que apenas 10% da potência total seja empregada de maneira útil. O rendimento aparente da operação de redução do tamanho das partículas depende do tipo de equipamento utilizado. Assim, um moinho de bolas é menos eficiente do que um triturador do tipo queda de peso, por exemplo, por causa das colisões inúteis que se verificam no moinho (Barbosa, 2015).

O produto de um triturador conta com grande variação de tamanho, e a variedade de um material pode ser determinada de modo prático por peneiração: para materiais relativamente grandes e métodos de sedimentação, utilizam-se partículas muito pequenas para serem peneiradas; para partículas extremamente pequenas, utiliza-se granulômetro a *laser* para obter uma curva de distribuição dos tamanhos das partículas. Os resultados de uma análise granulométrica são representados, em geral, por uma curva cumulativa de fração em peso, na qual se representa a fração de partículas em função de sua dimensão linear. Essa curva, obviamente, não registra a distribuição, por isso é conveniente traçar uma curva de frequência de tamanhos.

Com relação ao funcionamento, existem dois tipos de trituração: (1) livre e (2) alimentação sufocada.

Na **trituração livre**, o material é introduzido lentamente, de modo que o produto possa sair com relativa facilidade. Em razão do curto tempo de permanência na máquina, é evitada a produção de quantidades apreciáveis de material fino. Já na **alimentação sufocada,** a máquina é mantida cheia de material e a descarga do produto é impedida. Assim, o material permanece no triturador por um período relativamente longo. Isso conduz a um elevado grau de trituração, mas a capacidade da máquina é diminuída e o consumo de energia é alto, em virtude da ação de "almofada" produzida pelo produto acumulado. Esse método, todavia, é utilizado para pequenas quantidades de material, notadamente quando se deseja completar toda a redução de tamanhos em uma única operação.

Quando o material passa somente uma vez no equipamento, o processo é chamado de *moagem em circuito aberto*. Se, opostamente, o produto contiver material que necessite de outra trituração, chamamos o processo de *moagem em circuito fechado*. A moagem pode ser efetuada a úmido ou a seco. A moagem úmida, geralmente, só é aplicável a moinhos de baixa velocidade.

4.5.1 Material de moagem

A escolha do equipamento para as operações de trituração depende da natureza do produto, da quantidade e da dimensão do material a tratar. As propriedades mais importantes, fora a dimensão, estão descritas na sequência (Gomide, 1983).

Dureza

O consumo de energia elétrica pelo equipamento, assim como seu desgaste mecânico, são exemplos de características impactadas com a variação da dureza. Quando a moagem é executada em materiais duros e abrasivos, o ideal é utilizar uma máquina de baixa velocidade e que contenha proteção contra as poeiras abrasivas que se originam do processo. Nesses casos, é recomendado que a lubrificação das partes móveis da máquina seja feita sob pressão (Santos et al., 1987).

Estrutura

Materiais granulares como carvão, minérios e rocha podem ser triturados com a utilização de forças de compressão e impacto, mas, no caso dos materiais fibrosos, é necessário executar uma ação de rompimento dessas fibras (Barbosa, 2015).

Umidade

Os materiais com 5 a 50% de umidade tendem a aglutinar-se e formar bolos, o que prejudica o processo de moagem. O ideal é que esse processo seja executado com materiais fora dessa faixa de humidade, com o objetivo de obter um resultado mais satisfatório (Barbosa, 2015).

Resistência ao esmagamento

Para dimensionar a potência de esmagamento, é preciso conhecer o material que será submetido ao processo de moagem, pois ela é diretamente proporcional à resistência do material a ser esmagado (Barbosa, 2015).

Friabilidade

Friabilidade é o termo utilizado para descrever a tendência do material de fraturar-se durante seu manuseio. No caso de materiais cristalinos, a quebra acontece ao longo de planos bem definidos, motivo pelo qual a potência para tal aumenta proporcionalmente com a diminuição do tamanho da partícula (Barbosa, 2015).

Empastamento

O problema de empastamento de materiais é muito comum na moagem, mas bastante perigoso, pois o excesso de materiais empastados pode danificar o equipamento de moagem. Portanto, a facilidade de manutenção e limpeza são bastante importantes (Barbosa, 2015).

Tendência ao escorregamento

Como o esmagamento é ligado diretamente ao valor do coeficiente de atrito da superfície do material, quando esse coeficiente for baixo, dificulta o processo de esmagamento (Barbosa, 2015).

Materiais explosivos

É importante que sejam moídos a úmido ou com a presença de uma atmosfera inerte. É possível encontrar isolamentos e sistemas que retiram o pó resultante da moagem do equipamento e seus entornos
(Gomide, 1983).

4.5.2 Equipamentos de moagem

Os equipamentos utilizados para moagem podem ser classificados, segundo Barbosa (2015), em três categorias:

1. **Trituradores grosseiros**: A dimensão do material para alimentação é compreendida entre 150 mm e 4 cm, enquanto a dimensão do produto-final apresenta dimensões de 5 a 0,5 cm. Os principais trituradores grosseiros são de mandíbulas Blake (Figura 4.7-A), de mandíbulas Dodge (Figura 4.7-B) e Samson (Figura 4.7-C).

Figura 4.7 – Exemplos de trituradores grosseiros: (A) de mandíbulas Blake, (B) de mandíbulas Dodge e (C) Samson

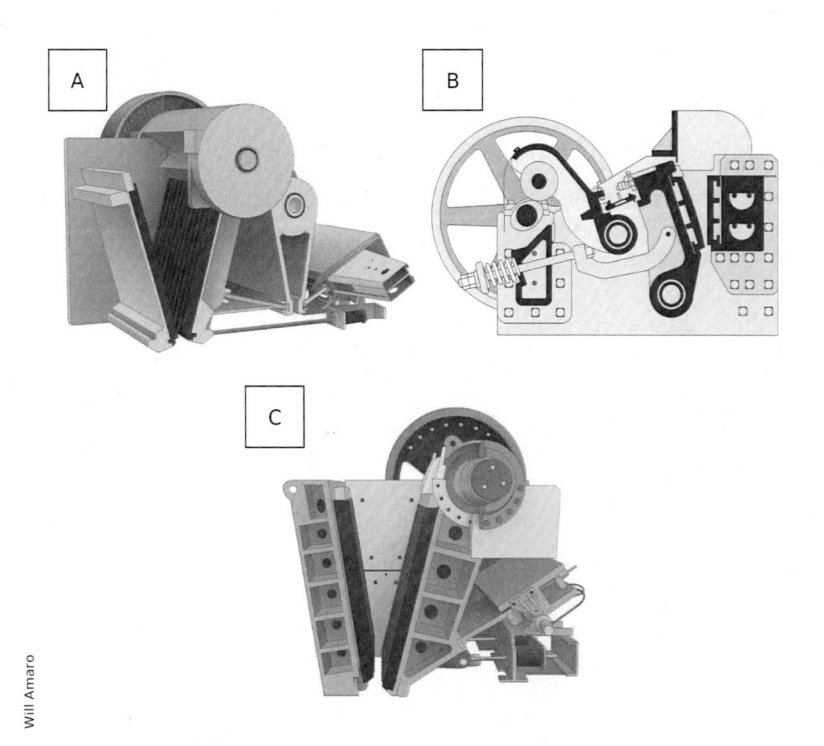

Fonte: Barbosa, 2015, p. 2230.

2. **Trituradores intermediários**: A dimensão do material de alimentação está entre 5 e 0,5 cm, já a dimensão do material processado fica na faixa de 0,5 a 0,01 cm. Entre os trituradores intermediários, podemos citar como exemplo o de disco, o moinho de mó (pedra) com eixo horizontal, o moinho de mó (pedra) com eixo vertical (Figura 4.8-A), os rolos de trituração (Figura 4.8-B), o moinho cônico, a bateria

de pilões (Figura 4.8-C), o moinho de martelos (Figura 4.8-D), o de rolo único, o moinho de espigões e o desintegrador em gaiola de esquilo.

Figura 4.8 – Exemplos de trituradores intermediários: (A) moinho de mó (pedra) com eixo vertical, (B) rolos de trituração, (C) bateria de pilões e (D) moinho de martelos

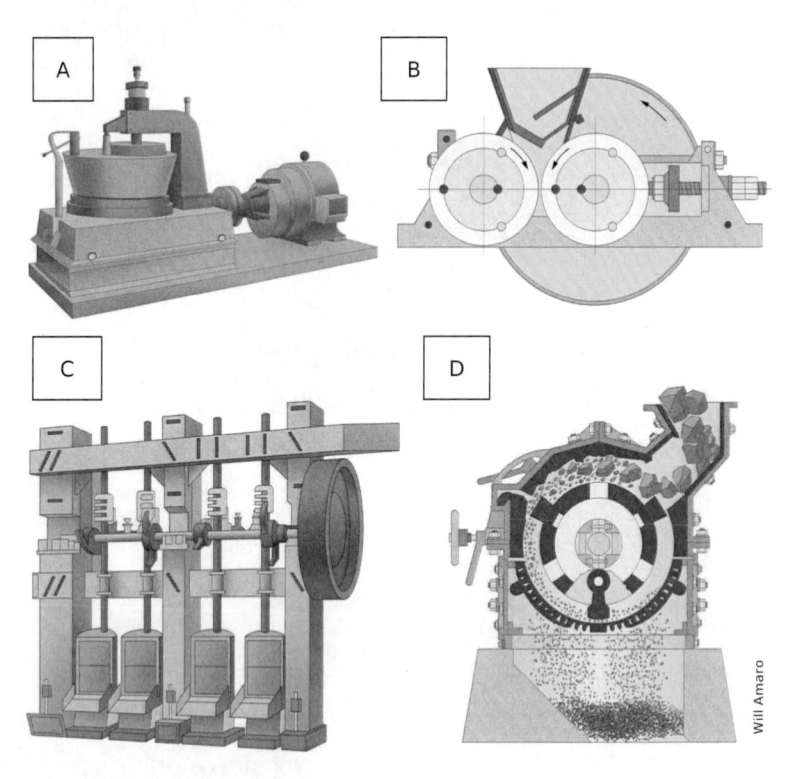

Fonte: Barbosa, 2015, p. 2254.

3. **Trituradores finos**: A dimensão do material de alimentação fica na faixa de de 0,5 a 0,2 cm, enquanto a dimensão do produto processado pode

ser de até 0,01 cm. Entre os trituradores finos mais importantes e utilizados na indústria temos o moinho de bolas (Figura 4.9-A), o moinho Buhrstone, o moinho de rolos, o moinho de esferas de aço – ou moinho Babcock (Figura 4.9-B), o moinho Griffin, o moinho de bolas centrífugo, o moinho de rolos rotativos em anel, o moinho de tubos, o moinho Hardinge e o moinho Raymond (Figura 4.9-C).

Figura 4.9 – Exemplos de trituradores finos: (A) moinho de bolas, (B) moinho Babcock e (C) moinho Raymond

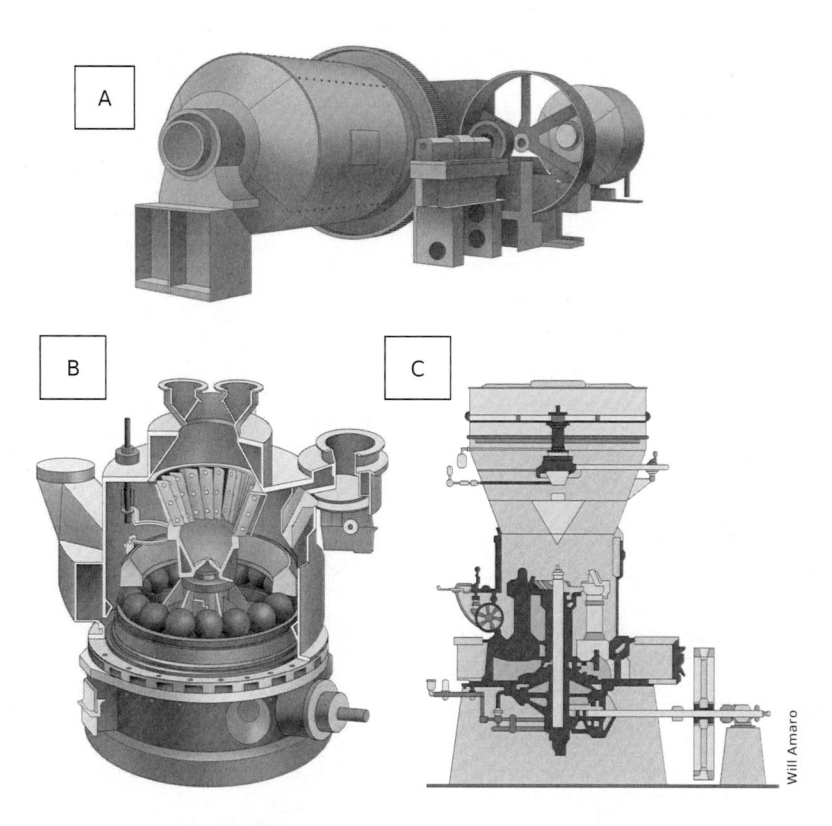

Fonte: Barbosa, 2015, p. 2258.

A indústria de minérios é um dos setores com mais aplicações e processos voltados à separação de partículas sólidas. Também encontramos esses processos na indústria química, mas com o intuito de atender às necessidades de mercado ou aumentar a eficiência de reações químicas. Contudo, as aplicações para os processos de separação são inúmeras e muito presentes em nossa sociedade, sendo interessante pensar que eles podem ser extremamente simples ou com níveis altíssimos de complexidade, como pudemos conferir ao longo deste capítulo.

Princípios de transferência de calor

5

Geladeiras, carros, ares-condicionados são exemplos de aparelhos fabricados utilizando-se diversos conhecimentos sobre a transferência de calor, área que trata dos fenômenos de transporte de energia de um local para outro.

A ciência da transferência de calor está diretamente ligada a diversas áreas de engenharia aplicada, e sua contribuição é quase imensurável, pois proporciona avanços tecnológicos e influencia diretamente a economia atual, além de ser a base de conhecimento mais utilizada no meio industrial.

5.1 Transferência de calor: conceitos e aplicações

A transferência de calor acontece ao mesmo tempo que mecanismos físicos, que agem definindo a transferência de calor de diferentes maneiras. Esses conhecimentos possibilitam, por exemplo, compreender por que resfriamos melhor uma sopa com nosso sopro de ar ou o motivo de as coisas se manterem geladas por mais tempo dentro de uma caixa de isopor.

Para compreendermos o funcionamento da transferência de calor, precisamos primeiro entender os três mecanismos de transferência de calor: (1) condução; (2) convecção; e (3) radiação, bem como o conceito de condutividade térmica. Trataremos desses mecanismos brevemente aqui para termos uma ideia geral, mas eles serão contemplados mais detalhadamente na sequência.

A **condução** é o mecanismo de transferência de energia que parte da interação entre partículas de uma substância, sempre da direção das moléculas de maior energia para as de menor energia. Já a **convecção** é o mecanismo de transferência de calor entre qualquer superfície sólida e um fluido em movimento, o qual se encontra em contato com essa superfície. Por sua vez, a **radiação** é a energia emitida pela matéria em forma de ondas eletromagnéticas, que acontece pelas mudanças nas configurações eletrônicas de átomos ou moléculas (Costa, 1971).

> Fala-se em transferência de calor quando o transporte está passando por uma interface, em casos gerais do fluido (líquido ou gás), para um sólido. Acontece, por outro lado, o transporte do calor, de um fluido para outro fluido, passando por uma fase sólida (parede, tubulação, caldeirão, blendas etc.), é mais adequado falar de transmissão de calor. Em ambos os casos, a convecção do calor, exercido pelo(s) fluido(s) é o processo principal, responsável pelo transporte. Portanto, precisamos conhecer melhor o fenômeno e as particularidades da convecção antes de entrar em detalhes e equipamentos. (Isenmann, 2013, p. 124)

Os conhecimentos sobre transferência de calor são bastante utilizados em projetos de engenharia e em diversos aspectos de nossas vidas. Nosso corpo, por exemplo, está constantemente transferindo calor para o ambiente, e nosso conforto está diretamente ligado à essa taxa de transferência, de modo que tentamos controlá-la com mudanças de roupas conforme a temperatura do ambiente em que estamos inseridos.

Inúmeros aparelhos domésticos são projetados com base nos princípios de transferência de calor, como fogões elétricos e a gás, geladeiras e *freezers*, aquecedores, ares-condicionados, aquecedores de água, ferros de passar, computadores, televisores etc. Atualmente, os conhecimentos de transferência de calor são bastante utilizados em projetos de construção civil – por exemplo, em casas projetadas para diminuir a perda de calor no inverno ou aumentar seu ganho no verão.

A transferência de calor também é utilizada em projetos de dispositivos como radiadores de carros, coletores de energia solar, diversos componentes de usinas elétricas e até mesmo em naves espaciais. O cálculo para a espessura de isolamento térmico adequada em paredes e telhados, canos de água quente e aquecedores de água também é determinado com base na análise da transferência de calor.

Esses são alguns de muitos exemplos da aplicação dos conhecimentos de transferência de calor.

5.2 Um pouco de história sobre transferência de calor

Na metade do século XIX, atingimos o entendimento físico sobre a natureza do calor por meio do desenvolvimento da teoria cinética, que compreende as moléculas como pequenas bolas em movimento que apresentam energia cinética. Dessa forma, o calor pode ser definido como a energia utilizada nos movimentos aleatórios de átomos e moléculas. Esse conceito surgiu no século XVIII e prevaleceu até meados do século XIX, baseando-se na **teoria do calórico** apresentada em 1789 pelo químico francês Antoine Lavoisier (1743-1794).

Conforme apontam Çengel e Ghajar (2012), a teoria do calórico foi criticada logo após sua introdução, pelo fato de sustentar que o calor era uma substância e, como tal, não podia ser criada ou destruída. Esse conceito não foi bem aceito porque, nessa época, durante o início do estudo da ciência de transferência de calor, já se sabia que o calor podia ser gerado indefinidamente utilizando o movimento de esfregar as mãos. Ainda conforme os autores:

> Em 1798, o americano Benjamin Thompson, conde de Rumford (1753-1814), mostrou em seus trabalhos que o calor pode ser gerado continuamente por meio da fricção. A validade da teoria do calórico foi também contestada por muitos outros. Todavia, foram os experimentos cuidadosamente realizados pelo

inglês James P. Joule [...] e publicados em 1843 que convenceram os céticos de que o calor não era, afinal, uma substância, pondo um fim à teoria do calórico. Embora essa teoria tenha sido totalmente abandonada na metade do século XIX, contribuiu enormemente para o desenvolvimento da termodinâmica e da transferência de calor. (Çengel; Ghajar, 2012, p. 4)

A teoria do calórico afirmava que o calor era uma forma de substância, chamada de *calórico*, parecida com um fluido, que não apresentava massa, era incolor, inodora, insípida e capaz de fluir de um corpo para outro. Ao adicionar o calórico a um corpo, a temperatura deste aumentava; ao removê-lo, a temperatura do corpo diminuía; e quando o corpo não conseguia mais conter nenhum calórico – da mesma forma que um copo com água não pode, em determinado momento, dissolver mais nenhuma quantidade de sal ou açúcar –, considerava-se que ele estava saturado de calórico. Foi essa última interpretação que deu origem às expressões *líquido saturado* e *vapor saturado* utilizadas até hoje.

5.3 O calor e a energia interna dos corpos

Existem diversas formas de energia: térmica, mecânica, cinética, potencial, elétrica, magnética, química, nuclear etc. Ao somarmos todas essas energias, temos a energia total E de um sistema. Além disso, temos as energias consideradas microscópicas, aquelas relacionadas à estrutura e à atividade molecular de um sistema, cuja soma é a energia interna U do sistema.

No Sistema Internacional (SI), a unidade de energia é o joule (J) ou o quilojoule (1 kJ = 1.000 J). Já no sistema inglês, a unidade de energia é o British thermal unit (BTU), sendo definida como a energia necessária para aumentar a temperatura em 1°F de 1 lbm (*lean body mass*) de água a 60°F. As grandezas de 1 kJ e 1 BTU são quase as mesmas, sendo 1 BTU = 1,055056 kJ.

A caloria (cal) é outra unidade de energia bastante conhecida, sendo 1 cal = 4,1868 J. A caloria é definida como a energia necessária para aumentar a temperatura em 1°C de 1 g (grama) de água a 14,5°C.

A soma das energias cinética e potencial das moléculas é denominada *energia interna*. A energia sensível ou o calor sensível é a parte da energia interna relativa à energia cinética das moléculas. O grau de atividade das moléculas é proporcional à temperatura. Assim, quando temos altas temperaturas, as moléculas contam com energia cinética alta e, por consequência, o sistema apresentará alta energia interna (Çengel; Ghajar, 2012).

> A energia interna é também associada com as forças intermoleculares entre as moléculas de um sistema. Essas forças ligam as moléculas umas às outras e, como previsto, são mais fortes em sólidos e mais fracas em gases. Se energia suficiente for adicionada

às moléculas de um sólido ou líquido, ela romperá essas forças moleculares e transformará o sistema em gás. Tal processo é denominado *mudança de fase*, e, por causa dessa energia adicionada, o sistema na fase gasosa tem um nível de energia interna maior que na fase sólida ou líquida. A energia interna associada com a fase de um sistema é chamada de **energia latente** ou **calor latente**. (Çengel; Ghajar, 2012, p. 7, grifo do original)

A grande maioria dos problemas de transferência de calor não interferem na composição do sistema, não sendo necessária maior análise quanto às forças de ligação dos átomos nas moléculas (Çengel; Ghajar, 2012).

5.3.1 Calor específico

Para entendermos o calor específico, é necessário saber que ele é o gás ideal que obedece à seguinte relação:

$$Pv = Rt \text{ ou } P = \rho RT$$

Sendo:

- P – pressão absoluta;
- v – volume específico;
- T – temperatura termodinâmica ou absoluta;
- ρ – densidade;
- R – constante universal dos gases.

A relação apresentada para os gases ideais simula uma aproximação considerável do comportamento das variáveis de estado P–v–T (pressão, volume, temperatura) para os gases reais com baixas densidades. Em baixas pressões e altas temperaturas, a densidade dos gases diminui, a ponto de o gás passar a se comportar como um gás ideal. Em uma faixa prática de aplicação, diversos gases conhecidos, como ar, nitrogênio, oxigênio, hidrogênio, hélio, argônio, neônio e criptônio, e, até mesmo, gases muito pesados, como dióxido de carbono, podem ser tratados como gases ideais com um nível de erro desprezível, frequentemente menor que 1%. Já gases densos, como vapor de fluido refrigerante nos refrigeradores e vapor de água em usinas térmicas de potência, não podem ser considerados gases ideais em todas as situações, é preciso analisar cada aplicação.

Segundo Çengel e Ghajar (2012, p. 7, grifo do original), o calor específico pode ser "**definido como a energia necessária para aumentar a temperatura em um grau de uma unidade de massa de dada substância**".

Em situações normais, nosso foco está em dois tipos de calor específico: (1) à volume constante – cv; e (2) à pressão constante – cp.

O **calor específico à volume constante** é compreendido como a energia necessária para aumentar a temperatura em um grau de unidade de massa da substância em análise, mantendo seu volume constante.

A energia para aumentar a temperatura em um grau de unidade de massa da substância em análise, mantendo pressão constante, é o **calor específico**

à pressão constante. O calor específico à pressão constante é maior que o calor específico à volume constante, porque, em um processo isobárico (pressão constante), acontece a expansão do sistema, que precisará de mais energia quando comparado a quando apresenta volume constante.

Quando analisarmos os gases ideais, os dois calores específicos mencionados são relacionados por meio da seguinte equação:

$$c_p = c_v + R$$

Existem dois mecanismos que possibilitam transferir energia de uma massa ou para uma massa: (1) transferência de calor (Q) e (2) trabalho (W). A transferência de energia é compreendida como transferência de calor nas situações em qua a força motriz é a diferença de temperatura; quando não encontramos essa diferença, a transferência de energia é considerada trabalho.

Situações como um pistão subindo, um eixo girando ou um fio elétrico atravessando as fronteiras do sistema são todas classificadas como trocas do tipo trabalho. Quando analisamos o trabalho por unidade de tempo, ele é denominado *potência*. A unidade de potência é o watt (W), ou cavalo de força (*hp* – do inglês *horse power*), sendo 1 hp = 746 W.

É interessante entendemos o conceito de realizar trabalho ou consumir trabalho porque a energia do sistema diminui com trabalho realizado e aumenta com trabalho efetuado: motores de automóveis e turbinas hidráulicas a vapor produzem trabalho; já equipamentos como compressores, bombas e misturadores consomem trabalho.

Fique atento!

É comum falarmos sobre formas sensível e latente de energia interna, como o calor, bem como sobre a quantidade de calor dos corpos. Na termodinâmica, quando nos referimos a essas formas de energia, elas são chamadas de *energia térmica*, para prevenir qualquer confusão com transferência de calor. Contudo, como afirmam Çengel e Ghajar (2012, p. 9, grifo do original)

> O termo *calor* e as expressões associadas, como *fluxo de calor*, *calor recebido*, *calor rejeitado*, *calor absorvido*, *ganho de calor*, *perda de calor*, *calor armazenado*, *geração de calor*, *aquecimento elétrico*, *calor latente*, *calor corpóreo* e *fonte de calor*, são comumente utilizados, e a tentativa de substituir a palavra *calor* nessas expressões por *energia térmica* teve apenas um limitado sucesso. Tais expressões estão profundamente enraizadas em nosso vocabulário e são utilizadas tanto por pessoas comuns quanto por cientistas, sem causar nenhum mal-entendido.

Para facilitar, vamos nos referir à energia térmica como *calor* e à transferência de energia térmica como *transferência de calor*. A quantidade de calor transferido durante um processo é representada por Q, mas, quando nos referimos à quantidade de calor transferido por unidade de tempo, denominamos *taxa de transferência de calor* e representamos por $\dot{Q}$ (o ponto acima da letra significa "por unidade de tempo"). A taxa de transferência de calor $\dot{Q}$ tem como unidade o joule por segundo (J/s), que é equivalente ao watt (Çengel; Ghajar, 2012).

Para entendermos ainda mais sobre como funciona a transferência de calor, vamos conferir brevemente a primeira lei da termodinâmica na sequência.

5.4 Primeira lei da termodinâmica

A primeira lei da termodinâmica também é conhecida como *princípio da conservação de energia*, pois mostra que a energia não pode ser criada nem destruída durante um processo, apenas alterada a sua forma. Assim, é necessário que toda quantidade de energia seja contada durante um processo.

Essa lei é expressa da seguinte forma (Çengel; Ghajar, 2012, p. 11):

$$\begin{pmatrix} \text{Energia total} \\ \text{na entrada} \\ \text{do sistema} \end{pmatrix} - \begin{pmatrix} \text{Energia total} \\ \text{na saída} \\ \text{do sistema} \end{pmatrix} = \begin{pmatrix} \text{Mudança de} \\ \text{energia total} \\ \text{no sistema} \end{pmatrix}$$

A energia pode ser transferida para um sistema ou para fora do sistema por meio de calor, trabalho ou fluxo de massa.

A energia total de um sistema simples e compressível é a soma das energias interna, cinética e potencial.

O balanço de energia para qualquer sistema que esteja sofrendo transferência de energia pode ser demonstrado por:

$$\Delta E_{ent} - \Delta E_{saida} = \Delta E_{sistema}$$

Sendo $\Delta E_{ent} - \Delta E_{saida}$ a energia líquida transferida por calor, trabalho e massa e $\Delta E_{sistema}$ a mudança da energia interna, cinética, potencial, entre outras.

Também podemos demonstrar o balanço de energia da seguinte forma:

$$\dot{E}_{ent} - \dot{E}_{saida} = dE_{sistema} / dt$$

Sendo $\dot{E}_{ent} - \dot{E}_{saida}$ a taxa líquida de transferência de energia por calor, trabalho e massa e $dE_{sistema} / dt$ a taxa de mudança de energia interna, cinética, potencial, entre outras.

A energia é uma propriedade e seu valor não varia, a não ser quando o estado do sistema muda. Portanto, a variação da energia de um sistema que não muda durante o processo é nula ($\Delta E_{sistema} = 0$), situação caracterizada por um processo em regime permanente. O balanço de energia nessa situação fica:

$$\dot{E}_{ent} = \dot{E}_{saida}$$

Sendo $\dot{E}_{ent}$ a taxa líquida de transferência de energia por calor, trabalho e massa e $\dot{E}_{saida}$ a taxa de mudança da energia interna, cinética, potencial, entre outras.

Figura 5.1 – Exemplo de taxa de energia sendo trocada em processos de regime permanente

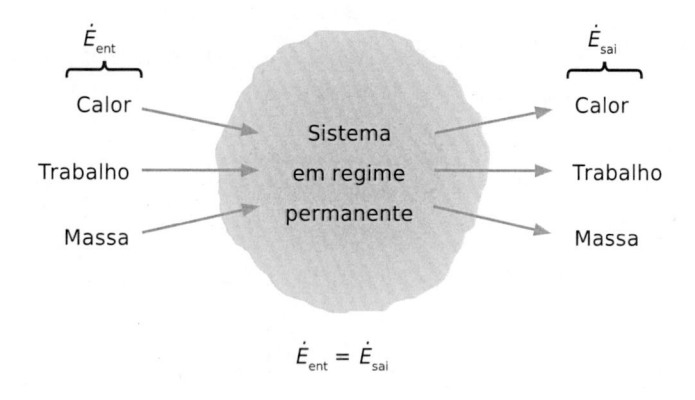

$\dot{E}_{ent}$: Calor, Trabalho, Massa → Sistema em regime permanente → Calor, Trabalho, Massa : $\dot{E}_{sai}$

$$\dot{E}_{ent} = \dot{E}_{sai}$$

Fonte: Çengel; Ghajar, 2012, p. 11.

Quando falamos de sistemas compressíveis simples e estacionários (sistemas sem a presença de efeitos significativos de eletricidade, magnetismo, movimento, gravidade e tensão superficial), a variação da energia total é a mudança na energia interna:

$$\Delta E_{sistema} = \Delta U_{sistema}$$

Quando analisamos a transferência de calor, normalmente, procuramos apenas as formas de energia que podem ser transferidas devido a uma diferença de temperatura (calor ou energia térmica). Nessas situações, é interessante escrever o balanço de calor e demonstrar as conversões de energia nuclear, química, mecânica e elétrica em energia térmica como calor gerado (Çengel; Ghajar, 2012).

5.5 Como ocorre a transferência de calor

A forma de energia que é transferida de um sistema para outro ocasionando diferença de temperatura entre corpos é o calor. A ciência que estuda a determinação das taxas de transferências de energia é chamada de *transferência de calor*.

A transferência de energia por meio de calor acontece de um meio de maior temperatura para outro de menor temperatura. Tal transferência é cessada quando os dois meios atingem a mesma temperatura, isto é, entram em equilíbrio (Çengel; Ghajar, 2012).

Como já mencionamos no início deste capítulo, condução, convecção e radiação são os três mecanismos pelos quais ocorre a transferência de calor. Veremos cada um na sequência.

5.5.1 Condução

Segundo Francisco (2018, p. 123), "Define-se como condução o modo de transferência de calor em que a difusão é o único mecanismo físico atuante. Isto pode ocorrer em meios sólidos ou em meios líquidos em repouso".

Em líquidos e gases, a condução ocorre pelas colisões e difusões das moléculas ao realizarem movimentos aleatórios. Nos sólidos, a condução acontece pela combinação das vibrações das moléculas em rede, em que a energia é transportada por elétrons livres.

Vamos tomar como exemplo um recipiente metálico com água gelada dentro. Se esse recipiente for colocado em um ambiente quente, a água esquentará até a temperatura desse ambiente. Isso acontece porque existe transferência de calor do ambiente para a água por meio de condução do metal do recipiente.

A taxa de condução de calor através de um meio varia de acordo com o material, a forma, a espessura e a diferença de temperatura do meio. Por exemplo, se uma garrafa com líquido quente é colocada em um isopor, a taxa de perda de calor é reduzida consideravelmente, porque o isopor serve como um isolante térmico; quanto maior for o isolamento, menor será a perda de calor (Çengel; Ghajar, 2012).

A taxa de condução de calor através de uma parede é proporcional à diferença de temperatura através da parede e à área de transferência de calor, mas ela é inversamente proporcional à espessura da parede. Sendo assim, representamos:

$$\dot{Q}_{cond} = kA\frac{T_1 - T_2}{\Delta x} = -kA\frac{\Delta T}{\Delta x} \ (W)$$

Sendo k a constante de condutividade térmica do material, que é a capacidade do material de conduzir calor.

Com $\Delta x = 0$, a equação anterior pode ser reduzida para:

$$\dot{Q}_{cond} = -kA\frac{\Delta T}{\Delta x} \ (W)$$

Essa equação é a lei de Fourier da condução térmica, e leva esse nome em homenagem a Jean Baptiste Fourier (1768–1830), quem a apresentou pela primeira vez, em 1822.

Nessa equação, a taxa de condução de calor em uma direção é proporcional ao gradiente de temperatura na mesma direção. O calor é conduzido no sentido da menor temperatura, e o gradiente de temperatura torna-se negativo quando a temperatura diminui com o aumento da espessura. O sinal negativo mostra que a transferência de calor no sentido positivo de x é uma quantidade positiva (ÇengeL; Ghajar, 2012).

Condutividade térmica

Francisco (2018, p. 32) define *condutividade térmica* como "a propriedade material que representa o grau de facilidade de um meio material conduzir calor. Quando se diz que o ferro tem uma condutividade térmica maior do que a da água, isto significa que o ferro conduz calor mais rápido do que a água". Nesse sentido, a água não é um bom condutor de calor quando comparada ao ferro, mas é um ótimo meio para se armazenar energia térmica em relação ao ferro.

Observe o Quadro 5.1, a seguir, que traz os valores de condutividade térmica de diversos materiais.

Quadro 5.1 – Condutividade térmica de alguns materiais

Material	k · W/m · k
Diamante	2300
Prata	429
Cobre	401
Ouro	317
Alumínio	237
Ferro	80,2
Mercúrio (ℓ)	8,54
Vidro	0,78
Tijolo	0,72
Água (ℓ)	0,607
Pele humana	0,37
Madeira (carvalho)	0,17
Hélio (g)	0,152
Borracha macia	0,13
Fibra de vidro	0,043
Ar (g)	0,026
Uretano, espuma rígida	0,026

Fonte: Çengel; Ghajar, 2012, p. 20.

A condutividade térmica dos materiais varia bastante. Quando analisamos gases como o ar, a condutividade térmica pode variar em um fator de 104 se comparados aos metais puros, como o cobre. Pensando em altos valores de condutividade térmica, temos os cristais puros e os metais, mas, inversamente, os gases e materiais isolantes apresentam os menores valores.

Fique atento!

A teoria cinética dos gases explica que a condutividade térmica dos gases é proporcional à raiz quadrada da temperatura T e inversamente proporcional à raiz quadrada da massa molar M. Portanto, para um gás específico (M fixo), a condutividade térmica aumenta com o aumento da temperatura e, em temperatura fixa, diminui com o aumento de M. Por exemplo, a uma temperatura fixa de 1.000 K, a condutividade térmica do hélio ($M = 4$) é 0,343 W/m · K, enquanto a condutividade térmica do ar ($M = 29$) é 0,0667 W/m · K, que é muito menor do que a do hélio (Çengel; Ghajar, 2012).

Figura 5.2 – Faixa de condutividade térmica de diversos materiais em temperatura ambiente

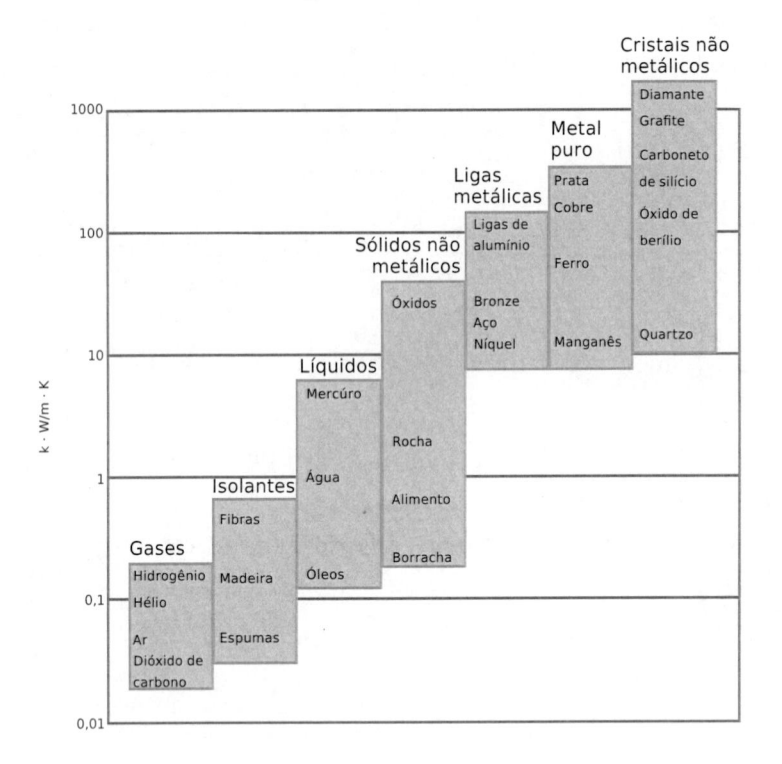

[Gráfico mostrando faixas de condutividade térmica (k · W/m · K) de 0,01 a 1000 para diferentes materiais:

- **Gases** (0,01 a ~0,1): Hidrogênio, Hélio, Ar, Dióxido de carbono
- **Isolantes**: Fibras, Madeira, Espumas
- **Líquidos**: Mercúrio, Água, Óleos
- **Sólidos não metálicos**: Óxidos, Rocha, Alimento, Borracha
- **Ligas metálicas**: Ligas de alumínio, Bronze, Aço, Níquel
- **Metal puro**: Prata, Cobre, Ferro, Manganês
- **Cristais não metálicos**: Diamante, Grafite, Carboneto de silício, Óxido de berílio, Quartzo]

Fonte: Çengel; Ghajar, 2012, p. 21.

A tarefa de analisar o mecanismo da condução do calor em um líquido torna-se complicada devido à maior proximidade das moléculas, o que possibilita um forte campo de força intermolecular. Quando analisamos as condutividades térmicas de líquidos, é possível constatar que, na maioria das situações, elas estão em um intervalo entre os valores de sólidos e gases. Na grande maioria das vezes, a condutividade térmica de uma substância é maior na fase sólida e menor na fase gasosa. Diferentemente dos gases, a condutividade térmica da maioria dos líquidos diminui quando a temperatura aumenta, sendo a água uma exceção. Metais líquidos como o mercúrio e o sódio apresentam elevado valor de condutividade e são adequados para aplicações em que se necessita de alta taxa de transferência de calor para o líquido, a exemplo das usinas nucleares.

Figura 5.3 – Exemplo de mecanismos de condução de calor em diferentes fases de uma mesma substância

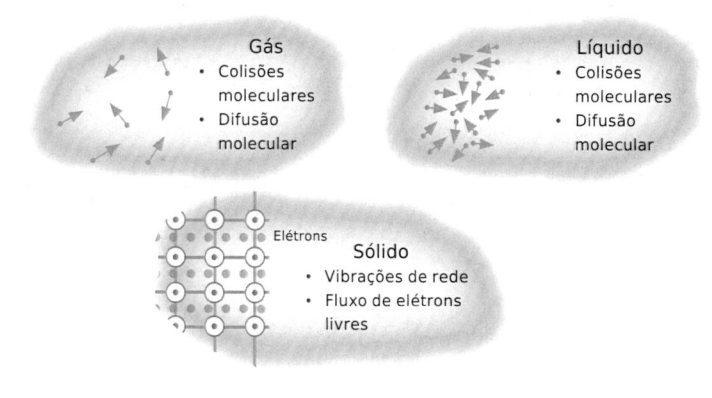

Gás
- Colisões moleculares
- Difusão molecular

Líquido
- Colisões moleculares
- Difusão molecular

Sólido (Elétrons)
- Vibrações de rede
- Fluxo de elétrons livres

Fonte: Çengel; Ghajar, 2012, p. 22.

Ao longo de intervalos de temperatura é normal a condutividade térmica variar, e essa variação é insignificante para alguns materiais, porém bastante significativa para outros. As condutividades térmicas de alguns sólidos apresentam um aumento bastante expressivo em temperaturas próximas do zero absoluto, tornando-os supercondutores. Por exemplo, a condutividade do cobre atinge um valor máximo de cerca de 20.000 W/m · K a 20 K (–253,15°C), que é cerca de 50 vezes a condutividade em temperatura ambiente.

Portanto, é possível verificar que condutividade térmica apresenta forte dependência da temperatura, o que resulta em uma complexidade considerável para a análise da condução. Por esse motivo, é prática comum avaliar a condutividade térmica k na temperatura média e tratá-la como uma constante nos cálculos.

Em uma análise de transferência de calor, o material é considerado isotrópico, o que significa que ele possuiu propriedades uniformes em todas as suas direções. Para a maioria dos materiais, essa hipótese está certa, mas não se adequa a materiais que apresentam características estruturais diferentes e em direções diferentes, como compostos de laminados e madeira. A condutividade térmica da madeira normal em direção à fibra, por exemplo, é diferente da paralela em direção à fibra (Çengel; Ghajar, 2012).

Difusidade térmica

Um dos objetivos da análise da condução de calor é encontrar o campo de temperaturas em meio delimitado por fronteiras. Isso significa conhecer a distribuição de temperaturas, que mostra como a temperatura

varia com a aposição do meio no qual ela se encontra. Após essa distribuição ser definida, o fluxo de calor por condução em qualquer ponto do meio ou em sua superfície pode ser determinado pela lei de Fourier.
A distribuição de temperaturas é utilizada de forma a otimizar a espessura de um material isolante. Para que a distribuição de temperaturas faça sentido, é preciso que encontremos a difusidade térmica, que representa a velocidade com que o calor se difunde em um meio material (Incropera et al., 2008).

O calor específico (c_p) e a capacidade térmica (ρc_p) demonstram a capacidade de armazenamento de calor de um material. O c_p representa isso por unidade de massa, e a ρc_p, por unidade de volume. Essa diferença fica mais clara quando analisamos suas unidades: J/kg · K para cp e J/m³ · K para ρc_p.

A difusividade térmica nos mostra a velocidade com que o calor se difunde por meio de um material:

$$\alpha = \frac{\text{Condução de calor}}{\text{Armazenamento de calor}} = \frac{k}{\rho c_p} \text{ (m}^2\text{/s)}$$

Observe que a condutividade térmica (k) representa como um material conduz o calor, já a ρC_p representa quanta energia um material consegue armazenar por unidade de volume.

> A difusividade térmica de um material pode ser entendida como a razão entre o **calor conduzido** por meio do material e o **calor armazenado** por unidade

de volume. Um material com alta condutividade térmica ou baixa capacidade térmica terá obviamente grande difusividade térmica. Quanto maior for a difusividade térmica, mais rapidamente será a propagação de calor no meio. Um pequeno valor de difusividade térmica indica que a maior parte do calor é absorvida pelo material e uma pequena quantidade de calor é conduzida adiante. (Çengel; Ghajar, 2012, p. 23, grifo do original)

Para um melhor entendimento, vamos analisar o Quadro 5.2, a seguir, que apresenta a difusividade térmica de alguns materiais comuns.

Quadro 5.2 – Difusividade térmica a 20°C

Material	α, m²/s	Material	α, m²/s
Prata	149×10^{-6}	Concreto	$0,75 \times 10^{-6}$
Ouro	127×10^{-6}	Tijolo	$0,52 \times 10^{-6}$
Cobre	113×10^{-6}	Solo denso (seco)	$0,52 \times 10^{-6}$
Alumínio	$97,5 \times 10^{-6}$	Vidro	$0,34 \times 10^{-6}$
Ferro	$22,8 \times 10^{-6}$	Lã de vidro	$0,23 \times 10^{-6}$
Mercúrio (ℓ)	$4,7 \times 10^{-6}$	Água (ℓ)	$0,14 \times 10^{-6}$
Mármore	$1,2 \times 10^{-6}$	Bife	$0,14 \times 10^{-6}$
Gelo	$1,2 \times 10^{-6}$	Madeira (carvalho)	$0,13 \times 10^{-6}$

Fonte: Çengel; Ghajar, 2012, p. 23.

Perceba que a difusividade térmica varia de $\alpha = 0,14 \times 10^{-6}$ m²/s para a água e $\alpha = 149 \times 10^{-6}$ m²/s para a

prata, uma diferença de mais que mil vezes. Outro fato interessante é que as difusividades térmicas da carne bovina e da água são as mesmas, o que faz sentido, já que a carne, os vegetais e as frutas frescas são constituídos principalmente de água
(Çengel; Ghajar, 2012).

5.5.2 Convecção

Francisco (2018, p. 136) define *convecção* como

> o modo de transferência de calor em que o mecanismo de advecção [transmissão do calor pelo deslocamento de massa atmosférica no sentido horizontal] é predominante em relação ao de difusão. A transmissão de calor por convecção ocorre entre uma superfície sólida e um fluido em movimento, os quais se encontram a temperaturas diferentes.

Nessa definição, fica implícito que a transferência de calor é proporcional ao movimento do fluido, portanto, quando o movimento do fluido aumenta, a transferência de calor também aumentará. Não existindo qualquer movimento da massa de fluido, a transferência de calor entre a superfície sólida e o fluido adjacente acontece apenas por condução.

Imagine o resfriamento de um bloco quente por ar frio, em que o ar frio sopra sobre a superfície superior do bloco, conforme a Figura 5.4, a seguir.

Figura 5.4 – Exemplo de bloco sendo resfriado pelo ar: convecção forçada e natural

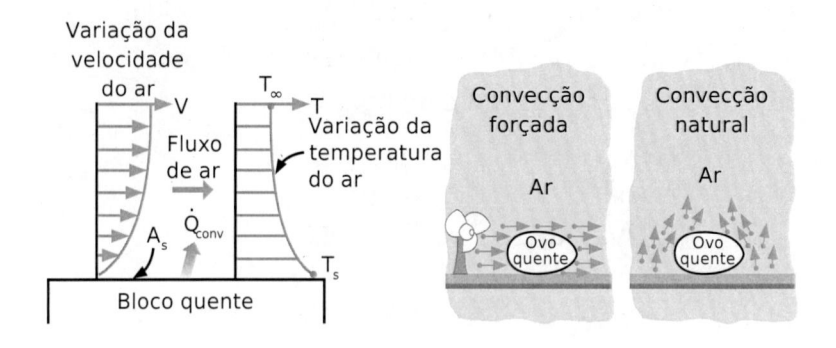

Fonte: Çengel; Ghajar, 2012, p. 26.

O calor é transferido para a camada de ar mais próxima ao bloco pelo mecanismo de condução. Após essa etapa, o calor é transportado para longe da superfície por convecção. Sendo assim, podemos observar que, por meio da condução e da convecção, o ar que esquenta próximo à superfície do bloco é carregado para longe dessa superfície, dando espaço para um novo volume de ar frio.

O mecanismo de convecção é chamado de *convecção forçada* quando o fluido é forçado a fluir sobre a superfície por forças externas, como o ventilador. Já quando o movimento do fluido é motivado por forças de flutuação induzidas por diferenças de densidade, originadas da variação da temperatura no fluido, denomina-se *convecção natural*. Por exemplo, não havendo um ventilador, a transferência de calor da superfície de um bloco quente se dá por convecção natural, pois o movimento do ar será ocasionado pela subida do ar mais quente – e, portanto, mais leve, próximo da superfície – e a descida do ar mais frio para preencher seu lugar. A transferência de calor entre o bloco e o ar que está em contato com ele ocorre por condução. Quando a diferença entre a temperatura do ar e do bloco não for grande o suficiente para subjugar a resistência do movimento do ar, iniciando as correntes de convecção natural, o processo de transferência de calor irá parar (Çengel; Ghajar, 2012).

Curiosidade

Isaac Newton (1642-1727) nasceu em Lincolnshire, na Inglaterra. O matemático, físico e astrônomo inglês é respeitado por ser um dos maiores cientistas e matemáticos da história (Çengel; Ghajar, 2012). Entre suas contribuições estão o desenvolvimento do teorema binomial do cálculo diferencial e integral, a definição das três leis fundamentais da mecânica clássica, a demonstração de cada uma das três leis de Kepler sobre o movimento dos planetas e das estrelas, que pode ser derivada da lei da gravidade, a descoberta da natureza composta da luz branca e da separação de cores diferentes por meio de um prisma, entre outras (Çengel; Ghajar, 2012). "A lei de resfriamento que rege a taxa de transferência de calor a partir de uma superfície quente para um fluido circundante mais frio é também atribuída a Newton" (Çengel; Ghajar, 2012, p. 27).

Os processos de transferência de calor que acontecem durante a mudança de fase de fluido são considerados convecção, devido ao movimento do fluido induzido pelo calor ao longo do processo, como as bolhas de vapor que sobem durante a ebulição ou as gotículas de líquido que caem durante a condensação.

Mesmo existindo certa complexidade, a taxa de transferência de calor por convecção é proporcional à diferença de temperatura, sendo expressa pela lei de Newton do resfriamento:

$$\dot{Q} = hA_s \left(T_s - T_\infty \right) \text{ (W)}$$

Sendo:

- h o coeficiente de transferência de calor por convecção em W/m²·K;
- A_s a área da superfície na qual a transferência de calor por convecção ocorre;
- T_s a temperatura da superfície;
- T_∞ a temperatura do fluido suficientemente longe da superfície.

Perceba que, na superfície, a temperatura do fluido é igual à temperatura da superfície sólida.

O coeficiente de transferência de calor por convecção h, não se trata de uma propriedade do fluido, mas de um parâmetro obtido por meio de experimentos, cujo valor depende de todas as variáveis que influenciam a convecção, como geometria da superfície, natureza do movimento do fluido, propriedades do fluido e velocidade da massa do fluido (Çengel; Ghajar, 2012).

5.5.3 Radiação

A radiação, de acordo com Francisco (2018, p. 144),

> é um mecanismo físico no qual energia é propagada sob a forma de onda eletromagnética (também conhecida como fóton). Este mecanismo caracteriza o modo de transferência de calor por radiação. A radiação térmica e a energia emitida pela matéria que se encontra a uma temperatura não nula. Assim, uma transferência liquida de calor por radiação pode ocorrer entre duas superfícies que se encontram a temperaturas distintas e estão interpostas por um meio material ou vácuo.

Diferentemente de outras formas de radiação eletromagnética, os raios-gama, as micro-ondas, os raios-X e as ondas de rádio e televisão não estão relacionados à temperatura. Um fato interessante é que todos os corpos emitem radiação térmica, desde que estejam a uma temperatura superior a zero absoluto (Çengel; Ghajar, 2012).

A radiação é considerada um fenômeno superficial nos sólidos opacos, como metais, madeira e rochas, porque, quando emitida pelas regiões internas desses materiais, não chega à superfície, e a radiação incidente sobre esses corpos normalmente é absorvida por alguns mícrons na superfície.

Para calcularmos a taxa máxima de radiação que pode ser emitida de uma superfície na temperatura T_s

(em *K* ou *R*), utilizamos a lei de Stefan-Boltzmann da radiação térmica, expressa por:

$$\dot{Q}_{emit} = \sigma A_s T_s^4 \text{ (W)}$$

Sendo:

- $\sigma = 5670 \times 10^{-8}$ W/m² · K⁴, chamada de *constante de Stefan-Boltzmann*. Uma superfície que emite radiação a essa taxa máxima é chamada de *corpo negro*, e também é idealizada. A radiação emitida por um corpo negro é denominada *radiação de corpo negro*.

Figura 5.5 – Exemplo de radiação de um corpo negro

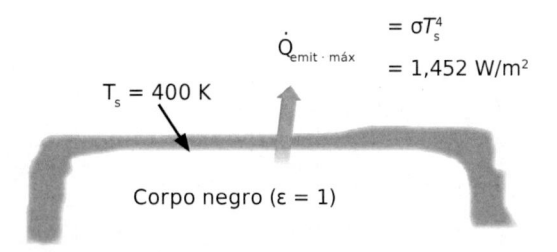

$$\dot{Q}_{emit \cdot máx} = \sigma T_s^4 = 1{,}452 \text{ W/m}^2$$

$T_s = 400$ K

Corpo negro ($\varepsilon = 1$)

Fonte: Çengel; Ghajar, 2012, p. 29.

A radiação emitida por todas as superfícies de materiais é menor do que a emitida por um corpo negro de mesma temperatura, sendo expressa por:

$$\dot{Q}_{emit} = \varepsilon \sigma A_s T_s^4 \text{ (W)}$$

Sendo:

- ε a emissividade da superfície. A propriedade emissividade tem seu valor dentro de uma faixa de $0 \leq \varepsilon \leq 1$ e trata-se da medida de quanto uma superfície aproxima-se do comportamento de um corpo negro para o qual $\varepsilon = 1$.

O Quadro 5.3, a seguir, traz as emissividades de algumas superfícies.

Quadro 5.3 – Emissividades de alguns materiais a 300 K.

Material	Emissividade
Alumínio em folhas	0,07
Alumínio anodizado	0,82
Cobre polido	0,03
Ouro polido	0,03
Prata polida	0,02
Aço inoxidável polido	0,17
Pintura preta	0,98
Pintura Branca	0,90
Papel branco	0,92 – 0,97
Pavimento asfáltico	0,85 – 0,93
Tijolo vermelho	0,93 – 0,96
Pele humana	0,95
Madeira	0,82 – 0,92
Terra	0,93 – 0,96
Água	0,96
Vegetação	0,92 – 0,96

Fonte: Çengel; Ghajar, 2012, p. 28.

A absortividade (α) é outra propriedade bastante utilizada na radiação de uma superfície. Trata-se da fração de energia de radiação absorvida pela superfície na qual é incidida. Da mesma forma que a emissividade, seu valor está na faixa de $0 \leq \alpha \leq 1$. Um corpo negro absorve toda a radiação incidente sobre ele, por isso dizemos que ele é um perfeito absorvedor ($\alpha = 1$) e um perfeito emissor (Çengel; Ghajar, 2012).

Tanto a emissividade quanto a absortividade de uma superfície estão relacionadas à temperatura e ao comprimento de onda da radiação. A lei de Kirchhoff mostra que a emissividade e a absortividade de uma superfície que se encontra a certa temperatura e certo comprimento de onda são iguais. Em diferentes aplicações práticas, a temperatura superficial e a temperatura da fonte de radiação incidente têm o mesmo valor, e a absortividade média de uma superfície é igual à sua emissividade média. Em uma superfície, a taxa de absorção de radiação é determinada por:

$$\dot{Q}_{abs} = \alpha \dot{Q}_{inc}$$

Sendo:

- $\dot{Q}_{incidente}$ a taxa de radiação incidente na superfície;
- α a absortividade da superfície.

Em superfícies opacas (não transparentes), a parte da radiação incidente não é absorvida pela superfície, sendo refletida de volta.

A diferença entre as taxas de radiação emitida e absorvida pela superfície é a transferência de calor por radiação. Quando a taxa de absorção de radiação é maior do que a taxa de emissão de radiação, a superfície está ganhando energia por radiação; na situação contrária, a superfície está perdendo energia por radiação. Em geral, a determinação da taxa de transferência de calor por radiação entre duas superfícies é uma tarefa complicada, sendo que as propriedades das superfícies, as orientações de uma superfície em relação a outra e a interação no meio entre as superfícies com radiação interferem no resultado.

Eliminando essas variáveis, em uma situação em que uma superfície de emissividade ε e área superficial A_s a uma temperatura T_s é delimitada por superfície maior a uma temperatura T_{ext}, separadas por um gás, como o ar, que não intervém na radiação, a taxa de transferência de calor por radiação entre essas duas superfícies é dada por:

$$\dot{Q}_{ent} = \varepsilon \sigma A_s (T_s^4 - T_\infty^4) \ (W)$$

Nessa situação, a emissividade e a área da superfície não apresentam nenhum efeito sobre a transferência de calor por radiação.

Em uma superfície cercada de gás, como o ar, a transferência de calor por radiação ocorre paralelamente à condução; em casos em que houver movimento de massa de gás próximo à superfície, há convecção. Dessa forma, a transferência de calor acontece pela adição das contribuições de ambos os mecanismos de transferência de calor.

Em geral, a radiação é significativa quando comparada à condução ou à convecção natural, porém é insignificante quando comparada à convecção forçada. Assim, em situações de convecção forçada, a radiação é geralmente ignorada, principalmente quando as superfícies envolvidas têm emissividade baixa e temperatura de baixa a moderada (Çengel; Ghajar, 2012).

5.6 Mecanismos simultâneos de transferência de calor

Como vimos, não é possível que os três mecanismos de transferência de calor atuem ao mesmo tempo em um meio. Por exemplo, a transferência de calor é apenas por condução em sólidos opacos, mas por condução e radiação em sólidos semitransparentes.

É possível, porém, que um sólido apresente transferência de calor por convecção e/ou radiação em suas superfícies expostas a um fluido. Por exemplo, uma superfície externa de um pedaço de rocha vai aquecer quando estiver em um ambiente quente por causa do calor transferido por convecção pelo ar e por radiação pelo Sol, mas sua parte interna vai aquecer pelo calor transferido por condução de sua camada mais externa para seu interior.

Em um **fluido em repouso** (sem movimento de massa do fluido), a transferência de calor ocorre por condução e, possivelmente, por radiação. Em um **fluido escoando** [em movimento], ela ocorre por convecção e radiação. Na ausência de radiação, a transferência de calor por meio de um fluido ocorre por condução ou convecção, o que dependerá da presença de qualquer movimento de massa do fluido. A convecção pode ser vista como uma condução combinada com escoamento do fluido, e a condução em fluido pode ser vista como um caso especial de convecção, na ausência de qualquer movimento do fluido. (Çengel; Ghajar, 2012, p. 30, grifo do original)

Figura 5.6 – Exemplos de transferência de calor com mais de um mecanismo

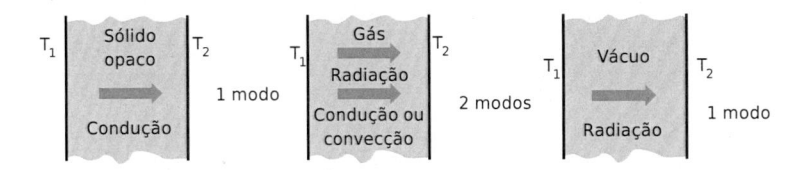

T_1 | Sólido opaco | T_2 — Condução — 1 modo

T_1 | Gás / Radiação | T_2 — Condução ou convecção — 2 modos

T_1 | Vácuo | T_2 — Radiação — 1 modo

Fonte: Çengel; Ghajar, 2012, p. 30.

Assim, quando analisamos a transferência de calor por um fluido, podemos observar que é possível haver condução ou convecção, mas não ambas.

Os gases são praticamente transparentes à radiação, com exceção de alguns que absorvem fortemente a radiação em determinados comprimentos de onda, como o ozônio com a radiação ultravioleta. No entanto, em grande parte dos casos, um gás entre duas superfícies sólidas não interfere na radiação, mas atua de modo eficaz como um vácuo. Já os líquidos são fortes absorvedores de radiação (Çengel; Ghajar, 2012).

Para finalizarmos, precisamos mencionar que a transferência de calor por meio do vácuo apenas acontece pelo mecanismo de radiação, tendo em vista que a condução ou a convecção necessitam da presença de um meio material.

Trocadores de calor

6

Trocadores de calor são equipamentos confeccionados para transferir calor entre fluidos – líquidos, vapores ou gases – em diferentes temperaturas. Eles fazem parte de nosso cotidiano em diversos aparelhos que utilizamos em nossas casas, bem como em diferentes processos de produção na indústria.

O tipo de trocador de calor empregado define o processo de transferência de calor que acontece entre meios de fluidos, podendo ser gás-gás, líquido-gás ou líquido-líquido e ocorrer por meio de um separador sólido, que evita a mistura dos fluidos ou entres fluidos em contato direto. Em razão da demanda de aplicação em uma ampla gama de processos industriais, inúmeros dispositivos de troca de calor são projetados e fabricados para uso em processos de aquecimento e resfriamento.

Diversas características de projeto, incluindo materiais, componentes de construção, mecanismos de transferência de calor e até mesmo a forma como o fluxo dos fluidos ocorre dentro do equipamento, são utilizadas para classificar os tipos de trocadores de calor.

6.1 Conceitos e definições gerais

Para Isenmann (2013, p. 138):

> Aparelhos onde o calor está sendo transferido de um meio para outro são os chamados trocadores de calor, evaporadores ou condensadores. A quantidade de calor a ser transferida geralmente é dada pelas exigências

da operação unitária, igualmente as temperaturas de entrada e de saída das correntes trocadoras de calor. Para o dimensionamento destes aparelhos deve-se calcular então o coeficiente de transição de calor, seja o coeficiente de transferência α ou o coeficiente de transmissão K_w (caso geral), e em consequência a área F necessária para trocar o calor.

Como os trocadores de calor possibilitam a troca de calor entre dois fluidos, é necessário que estes apresentem temperaturas diferentes. Para que ocorra a mudança de temperatura dos fluidos ou a transferência de calor entre eles, os trocadores de calor, em sua maioria, utilizam os mecanismos de convecção nos fluidos e na parede que os separa.

Para analisar e especificar um trocador de calor, utilizamos o coeficiente global de transferência de calor U, que junta todos os efeitos sobre a transferência de calor. A taxa de transferência de calor entre os fluidos é diretamente influenciada pela diferença de temperatura desses fluidos: quanto maior a diferença, maior a taxa. É importante destacar que, ao longo do trocador de calor, as temperaturas entre os fluidos tendem a se igualar e, portanto, a taxa de transferência de calor também (Çengel; Ghajar, 2012).

Os tipos de trocadores de calor mais utilizados são aqueles em que os fluidos ficam separados por uma parede ou placa sólida. Essa parede é o meio de troca de calor, na qual o calor é absorvido quando entra em contato com o líquido quente e rejeitado quando entra em contato com o líquido frio. Tais dispositivos são denominados *recuperadores*, dois quais falaremos mais detalhadamente na sequência. Esse tipo de equipamento é construído de diversas formas, do modo simples, com um tubo dentro de outro, até o mais elaborado, como condensadores e evaporadores de superfície mais complexos.

A configuração tubular é bastante utilizada por permitir ao projeto disponibilizar uma grande superfície de transferência de calor em um equipamento de tamanho relativamente pequeno, além de possibilitar sua fabricação com ligas metálicas resistentes à corrosão. Esses equipamentos são apropriados para o aquecimento, o resfriamento, a evaporação ou a condensação de qualquer fluido.

Com o objetivo de entendermos melhor a estrutura de um trocador de calor, vamos dividir seu projeto em três etapas principais:

1. **Análise térmica**: Foca-se em encontrar a área necessária para transferência de calor e as condições de temperatura e escoamento dos fluidos que atendam às premissas do projeto.
2. **Projeto mecânico preliminar**: Realizam-se estudos sobre as temperaturas e as pressões de operação, as possibilidades de corrosão de um ou de ambos os fluidos e as expansões e tensões térmicas.

3. **Projeto de fabricação**: Relaciona-se às características físicas e às dimensões de um equipamento, que pode ser fabricado com baixo custo (seleção de materiais, selos, invólucros e arranjo mecânico ótimos). Os procedimentos de fabricação devem ser descritos e especificados (Kakaç; Liu; Pramuanjaroenkij, 2020).

Para obter o máximo possível de economia, boa parte das indústrias utiliza linhas padronizadas de trocadores de calor. Esses padrões estabelecem os diâmetros dos tubos e as relações de pressões de cada equipamento, o que facilita a utilização de projetos e procedimentos de fabricação.

6.2 Problemas comuns em trocadores de calor

Um dos problemas mais graves existentes em trocadores de calor é a **incrustação**, que se refere à deposição de uma camada de material sobre a superfície de transferência de calor, atuando como isolante térmico e, desse modo, impactando diretamente na eficiência do equipamento, de modo a reduzir sua *performance* termo-hidráulica e a aumentar a queda de pressão.

Esse efeito de acumulação de depósitos é representado pelo fator de incrustação R_f, uma medição da resistência térmica que acontece em razão das incrustações.

> **Fique atento!**
>
> A incrustação depende de quão puro é o fluido utilizado no processo de troca de calor, do comprimento da parte do equipamento onde acontecerá o processo de troca de calor, das temperaturas e das velocidades de escoamento dos fluidos.

Em alguns casos, a incrustação vem acompanhada de **corrosão**, reação eletroquímica ou de erosão que desgasta uma superfície sólida por meio do impacto de uma corrente líquida, danificando-a (Çengel; Ghajar, 2012).

Para mitigar ambos os problemas, é possível definir valores mínimos de bombeamento, para não haver deposição de partículas sólidas nas paredes do canal de escoamento, e máximos, para evitar erosão e corrosão.

Outro problema bastante conhecido em trocadores de calor é a **vibração**, comumente encontrada em trocadores do tipo tubo-carcaça, em razão das velocidades muito altas do fluido no lado da carcaça. Esse problema pode ocasionar vibração acústica ou dos tubos, gerando fraturas.

Para evitar esse problema, é necessário certificar-se de que o equipamento transfira a quantidade certa de calor, dentro das especificações requeridas, durante o projeto térmico; e, durante o projeto mecânico, é preciso garantir que o trocador suportará a pressão e as cargas consideradas.

6.3 Tipos de trocadores de calor

A indústria e muitas tarefas domésticas demandam diferentes tipos de trocadores de calor para diferentes finalidades, motivo pelo qual existem inúmeros trocadores de calor, das mais diversas formas, tamanhos e configurações.

O tipo mais simples de trocador de calor é aquele no qual os fluidos misturam-se e estabilizam a temperatura do equipamento à uma temperatura intermediária à dos dois fluidos. Esse equipamento configura-se mais como um misturador do que como um trocador.

Na maioria dos equipamentos de troca de calor, os fluidos não se misturam, e o calor é transferido entre eles por uma parede que os separa, denominada *superfície direta* ou *primária.* Essa parede é utilizada como meio de transferência de calor e sua dimensão varia de projeto para projeto.

Nessa superfície primária, alguns recursos podem ser utilizados para aumentar a área de troca de calor, como as aletas, também conhecidas como *superfícies indiretas*, *secundárias* ou *estendidas*.

De modo amplo, podemos dividir os trocadores de calor em três categorias: (1) recuperadores; (2) regeneradores; e (3) de contato direto (Kakaç; Liu; Pramuanjaroenkij, 2020).

Os **recuperadores** são trocadores de calor de transferência direta, isto é, possibilitam a troca de calor entre os fluidos através de uma fina parede sólida.

Aquecedores de ar, evaporadores, condensadores etc. são equipamentos dessa categoria.

Esses equipamentos podem ser projetados de maneira simples, como os tipo placa, nos quais os dois fluidos ficam separados por uma placa larga, ou bastante complexa, envolvendo múltiplas passagens, grades ou chicanas – recursos que auxiliam na transferência de calor entre os fluidos. Essas máquinas são classificadas conforme a direção do escoamento e o número de passes dos fluidos dentro delas (Kakaç; Liu; Pramuanjaroenkij, 2020).

Os padrões de escoamento nos recuperadores são:

- **Paralelo**: Os fluidos escoam na mesma direção e no mesmo sentido.
- **Contracorrente**: Os fluidos escoam na mesma direção, mas em sentido contrário.
- **Cruzado**: Os fluidos escoam perpendicularmente, podendo estar misturados ou não.

Curiosidade

Um dos métodos mais eficazes de aumentar o coeficiente de transferência de calor para trocadores de calor de casco e tubo é com o uso de um arranjo chicanas.

As chicanas também servem como suporte dos tubos durante a operação e ajudam a prevenir a vibração proveniente de redemoinhos induzidos pelo fluxo. Embora a transferência de calor seja ampliada pelo arranjo das chicanas, a queda de pressão do fluido lateral do invólucro também o é em razão da área de fluxo reduzida, de vazamento e de efeitos de desvio.

O espaçamento das chicanas está entre os parâmetros mais importantes usados no projeto de trocadores de calor de casco e tubo: um espaçamento mais próximo causa maior transferência de calor, mas isso ocasiona má distribuição do fluxo e maior queda de pressão do fluido; por outro lado, um espaçamento maior do defletor reduz a queda de pressão, mas permite um fluxo mais longitudinal, o que diminui o coeficiente de transferência de calor.

Desse modo, é difícil perceber a vantagem de arranjos chicanas, motivo pelo qual cada caso deve ser analisado e testado para se chegar ao máximo de aproveitamento possível.

Por sua vez, os **regeneradores** apresentam como principal característica um fluido quente e outro frio que passam alternadamente por uma mesma superfície. Essa superfície, inicialmente, recebe calor do fluido quente e, depois, transfere calor para o fluido frio. Como exemplo, temos as torres de resfriamento e de destilação, na quais o processo de transferência de calor é chamado de *transiente*, o que significa que as temperaturas da parede onde ocorre a transferência de calor e dos fluidos variam com o tempo.

Nos trocadores de calor **de contato direto**, a transferência de calor ocorre em um processo no qual os fluidos estão parcial ou totalmente misturados. Os fluidos quente e frio entram no trocador de calor de forma independente e separada, deixando-o com uma única corrente misturada. Encontramos esse processo nas torres de refrigeração de usinas térmicas e nucleares, por exemplo (Kakaç; Liu; Pramuanjaroenkij, 2020).

O projeto de um trocador de calor trata-se de um problema complexo, pois existe muitas variáveis envolvidas. Encontrar os valores para essas variáveis está diretamente relacionado à aplicação do trocador de calor e à experiência do projetista. Uma expressão bastante comum na área afirma que, se apresentarmos o mesmo problema a vinte pesquisadores diferentes, teremos vinte soluções diferentes (Kakaç; Liu; Pramuanjaroenkij, 2020).

Os projetos de trocadores de calor devem incluir análises:

- térmica;
- estrutural;
- de fabricação;
- de custos;
- de dimensões;
- de queda de pressão.

Existem diferentes formas de aumentar o coeficiente de transferência de calor e, dentre essas técnicas, estão a utilização de aletas, o aumento na velocidade do gás e a geração de turbulência de forma artificial. Essas técnicas, por consequência, produzem a queda de pressão e um aumento no custo de operação, devido ao aumento de trabalho de bombeamento, o que demanda a utilização de mais energia elétrica. Quando os trocadores são utilizados em aplicações espaciais ou na aviação, normalmente o tamanho do dispositivo é o fator mais importante. Quando avaliamos projetos de usinas estacionárias grandes, estes são otimizados normalmente com objetivos financeiros. Esses objetivos incluem custos iniciais, custos de operação, vida útil do equipamento e custos manutenção.

6.3.1 Classificação dos trocadores de calor

Trocadores de calor podem ser classificados conforme sua utilização ou sua forma constitutiva.

Na classificação quanto à **utilização**, a nomenclatura é relacionada às alterações realizadas de acordo com as condições de temperatura ou o estado físico do fluido que está envolvido no processo. Dessa forma, segundo Çengel e Ghajar (2012), temos:

- **Resfriadores**: Resfriam um líquido ou gás por meio de água, ar ou salmoura.
- **Refrigeradores**: Resfriam um fluido de processo por meio da evaporação de um fluido refrigerante, como amônia ou propano.
- **Condensadores**: Retiram calor de um vapor até sua condensação parcial ou total. O termo *condensador de superfície* aplica-se ao condensador de vapor de turbinas e máquinas de ciclos térmicos.
- **Aquecedores**: Aquecem o fluido de processo utilizando vapor de água ou fluido térmico.
- **Vaporizadores**: Rejeitam calor para o fluido de processo, vaporizando-o total ou parcialmente por meio de circulação natural ou forçada. O termo *refervedor* (*reboiler*) é utilizado para designar o vaporizador que opera conectado a uma torre de processo, vaporizando o fluido processado; já o termo *gerador de vapor* (*steam generator*) é utilizado para o vaporizador que gera vapor de água aproveitando o calor excedente de um fluido de processo.
- **Evaporadores**: Promovem concentração de uma solução pela evaporação do líquido com menor ponto de ebulição.

Na classificação quanto à **forma construtiva**, os trocadores são nomeados de acordo com seu *design* de projeto e as tecnologias encontradas em sua construção. Entre os diversos existentes, podemos citar tipo casco e tubo, tubo duplo, serpentina, de placas, resfriadores de ar, rotativos regenerativos, economizadores etc.

Vale, no entanto, destacar que, em razão das diversas necessidades de aplicação e especificidades dos trocadores de calor, podemos encontrar inúmeras formas construtivas que não são enquadradas nas categorias citadas. Nesses casos, os equipamentos são classificados como **especiais**.

6.4 Trocadores de calor mais utilizados

Alguns tipos de trocadores de calor são amplamente utilizados nas indústrias. Veremos alguns deles na sequência.

6.4.1 Casco e tubo

Os trocadores do tipo casco e tubo são constituídos por um feixe de tubos que passa pela parte interna de um casco, normalmente cilíndrico. Dentro desse casco, mas fora do feixe de tubos, um dos fluidos do processo circula, enquanto o outro circula no interior dos tubos que formam o feixe. Os componentes desse tipo de trocador de calor são o cabeçote de entrada, o casco, o feixe de tubos e o cabeçote de retorno ou saída.
Observe a Figura 6.1.

Figura 6.1 – Exemplo de trocador de calor casco e tubo

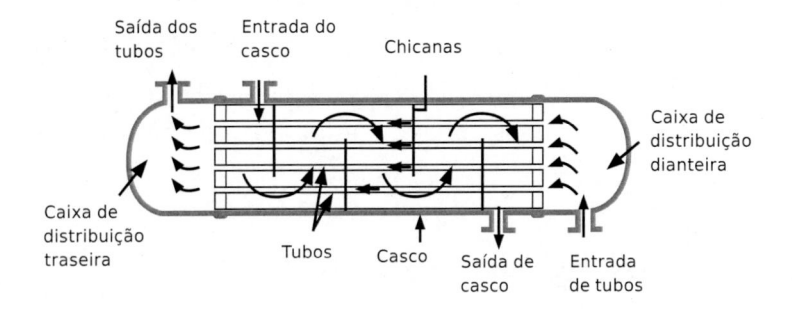

Fonte: Çengel; Ghajar, 2012, p. 631.

Note que os tubos estão conectados nas duas extremidades do equipamento a uma grande área, que é chamada de *caixa de distribuição*, local em que o fluido se acumula na entrada e na saída dos tubos.

Podemos classificar os trocadores de calor de casco e tubo de acordo com o número de passes envolvidos. Para entendermos o que é um passe, imagine um trocador de calor que apresente seus tubos internos fazendo meia-volta dentro do casco – esse equipamento é classificado como um *trocador de calor de um passe no casco e dois passes nos tubos*. Pensando dessa forma, um trocador de calor que apresentar dois passes no casco e quatro passes nos tubos será classificado como *trocador de calor de dois passes no casco e quatro passes nos tubos* (Çengel; Ghajar, 2012).

Figura 6.2 – Trocadores de calor casco e tubo de (1) um passe no casco e dois passes nos tubos e de (2) dois passes no casco e quatro passes nos tubos

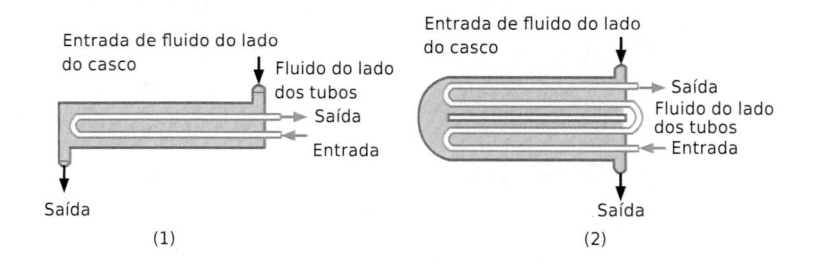

Fonte: Çengel; Ghajar, 2012, p. 631.

É bem provável que esse seja o tipo de trocador de calor mais utilizado na indústria, o que se deve a sua diversidade de aplicações, principalmente quando há necessidade de grandes faixas de vazão, temperatura e pressão.

Porém, mesmo sendo largamente utilizados na indústria, esses trocadores não são recomendados para aplicações automotivas e aeronáuticas, porque seu tamanho e peso apresentam proporções inutilizáveis para essas aplicações.

6.4.2 Tubo duplo

Os trocadores de tubo duplo são bastante simples, sendo formados por dois tubos de diâmetros diferentes colocados um dentro do outro.

O funcionamento desse trocador de calor se dá pelo escoamento de um fluido no interior do menor tubo, posicionado dentro de um tubo de maior diâmetro. Em seguida, outro fluido escoa dentro do tubo de maior diâmetro, ficando em contato com o menor tubo. Nesse equipamento, há duas possibilidades de escoamento:

1. **Paralelo**: Os fluidos quente e frio entram no trocador de calor pela mesma extremidade e seguem para a mesma direção.
2. **Contracorrente**: Os fluidos quente e frio entram no trocador por extremidades opostas e seguem em direções opostas.

Figura 6.3 – Exemplo de trocador de calor de tubo duplo em duas configurações de escoamento: (1) paralela e (2) contracorrente

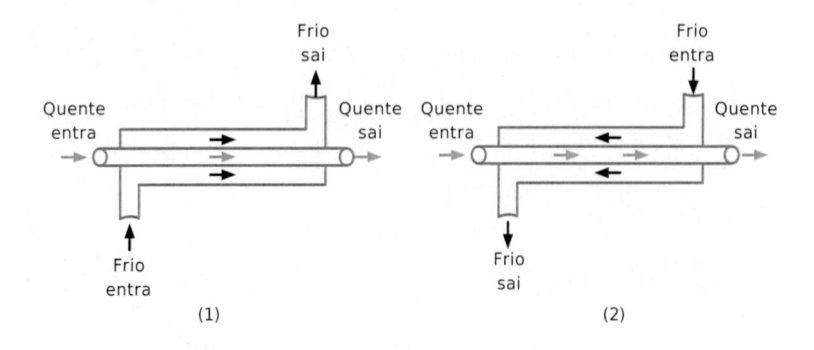

Fonte: Çengel; Ghajar, 2012, p. 630.

A diferença de temperatura entre o fluido quente e o frio não se mantém exatamente a mesma ao longo do tubo, assim como a razão de transferência de calor também varia ao longo do tubo. Para encontrar a taxa de transferência de calor, é preciso utilizar uma diferença de temperatura média compatível com a realidade do sistema.

Esse equipamento, segundo Kakaç, Liu e Pramuanjaroenkij (2020), pode ainda apresentar três arranjos distintos:

1. Os fluidos não se misturam ao passar pelo trocador de calor, o que significa que suas temperaturas de saída não serão iguais, estando em um lado mais quente que no outro.
2. Um dos fluidos não se mistura e o outro é misturado ao atravessar o trocador. Nesse caso, a temperatura do fluido misturado é uniforme, variando apenas na direção do escoamento.
3. Os dois fluidos misturam-se enquanto escoam pelo trocador de calor, motivo pelo qual a temperatura de ambos será a mesma, variando apenas na direção do escoamento.

6.4.3 Compacto

O trocador de calor compacto é projetado para ter uma grande superfície de transferência de calor por unidade de volume. Para sua construção, utilizam-se chapas muito finas e aletas onduladas e estreitamente espaçadas por onde passará o fluido. Os radiadores de carros são exemplos de trocadores compactos, com fluidos água e ar e escoamento cruzado sem mistura; as aletas, nesse caso, são instaladas na superfície do tubo no lado do ar.

6.4.4 De placa

Também bastante utilizado na indústria, o trocador de calor de placa é formado por uma série de placas planas corrugadas com passagens para o escoamento. Essas passagens são alternadas para o escoamento de fluidos quentes e frios, de modo que cada escoamento de fluido frio é cercado por dois escoamentos de fluido quente (Çengel; Ghajar, 2012). Tal *design* resulta em um processo de transferência de calor bastante eficiente, bem como possibilita sua ampliação pela adição de placas. Observe a Figura 6.4, na qual podemos ver as placas independentes de metal sendo fixadas ao corpo do trocador com a utilização de eixos, pinos e parafusos; as placas são presas por compressão entre uma extremidade móvel e outra fixa (Araújo, 2002).

Figura 6.4 – Vista explodida de um trocador de calor de placas

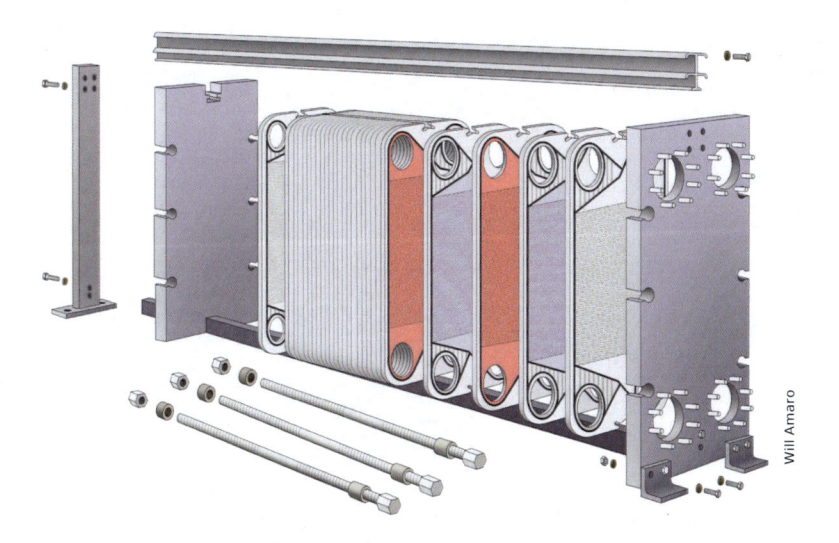

Fonte: Araujo, 2002, p. 35.

Indicação cultural

Para entender melhor como ocorre o funcionamento de um trocador de placa e visualizar sua montagem e amplificação, quando necessário, assista ao seguinte vídeo:

SONDEX A/S. **Sondex Plate Heat Exchanger – Work Principles**. 26 fev. 2014. Disponível em: <https://www.youtube.com/watch?v=Jv5p7o-7Pms&t=17s>. Acesso em: 31 jan. 2022.

Para aplicações líquido-líquido, existem também trocadores de calor de placa e quadro, que são mais complexos. Porém, vale salientar que, nesse equipamento, é importante que o escoamento dos líquidos quente e frio estejam na mesma pressão. Confira a Figura 6.5, que explica cada parte de um trocador de calor de placa e quadro.

Figura 6.5 – Exemplo de trocador de calor de placa e quadro para líquido-líquido

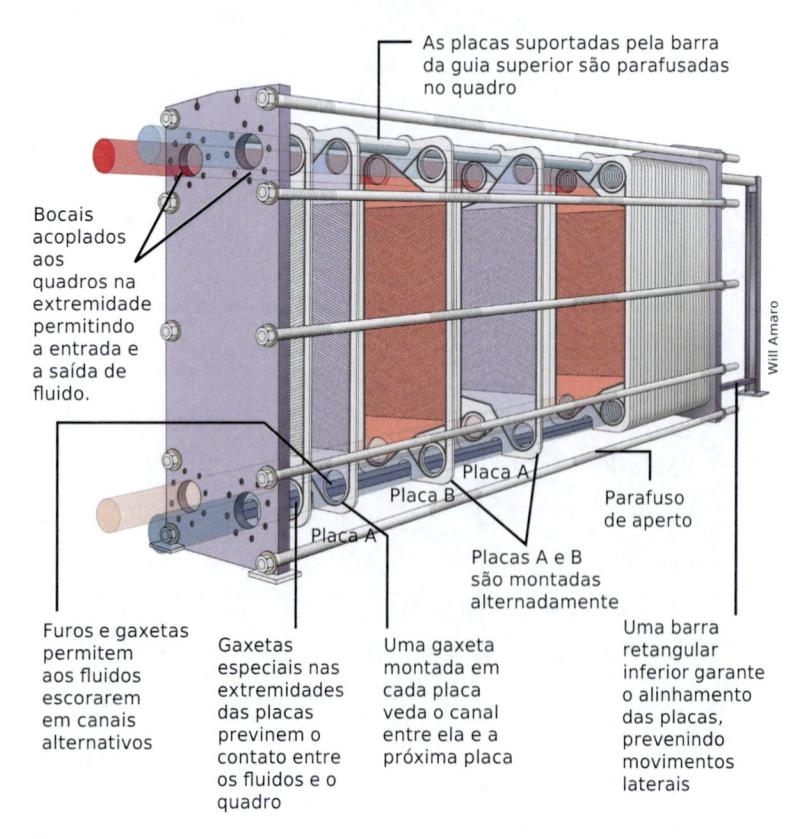

As placas suportadas pela barra da guia superior são parafusadas no quadro

Bocais acoplados aos quadros na extremidade permitindo a entrada e a saída de fluido.

Placa A
Placa B
Placa A
Parafuso de aperto
Placas A e B são montadas alternadamente

Furos e gaxetas permitem aos fluidos escorarem em canais alternativos

Gaxetas especiais nas extremidades das placas previnem o contato entre os fluidos e o quadro

Uma gaxeta montada em cada placa veda o canal entre ela e a próxima placa

Uma barra retangular inferior garante o alinhamento das placas, prevenindo movimentos laterais

Will Amaro

Fonte: Çengel; Ghajar, 2012, p. 632.

Conferindo a imagem, podemos perceber como esse equipamento é o mais complexo dos apresentados até agora.

6.4.5 Regenerativo

O trocador de calor regenerativo trabalha com o escoamento dos fluidos quente e frio de maneira alternada pela mesma área. Esse trocador é estático, poroso e tem grande capacidade de armazenamento de calor. Em seu funcionamento, o calor do líquido quente é transferido para a matriz do regenerador durante o escoamento do fluido quente e a matriz armazena esse calor temporariamente; em seguida, o fluido frio escoa pela matriz e recebe o calor armazenado nela.

6.4.6 Com raspagem interna

Trocadores com raspagem interna apresentam um elemento rotativo com lâminas raspadoras montadas em molas, de forma a sempre estarem em contato com seu casco, e realizam a raspagem da superfície interna do casco ou do tambor. São utilizados em operações de transferência de calor em que há a cristalização de um dos fluidos ou bastante incrustação nas superfícies do equipamentos em processos que envolvam fluidos muitos viscosos (Çengel; Ghajar, 2012).

6.5 Coeficiente global de transferência de calor

Como vimos até aqui, na maioria dos casos, os trocadores de calor contam com dois fluidos que escoam em seu interior e são separados por uma parede sólida, que é o meio de transferência de calor. A transferência do calor entre a parede sólida e o fluido ocorre pela convecção forçada; em seguida, o calor é transferido entre as superfícies da parede sólida por condução e novamente por convecção para o fluido do outro lado da parede.

Dessa forma, a rede de resistência térmica relacionada ao processo de transferência de calor tem uma resistência de condução e duas de convecção (Çengel; Ghajar, 2012).

Podemos expressar o coeficiente global de transferência de calor pela seguinte fórmula:

$$\frac{1}{U} = \frac{1}{h_1} + \frac{1}{h_2}$$

Sendo:

- U = o coeficiente de calor;
- h_1 e h_2 = coeficientes de convecção dos fluidos 1 e 2 presentes no trocador de calor.

O coeficiente global de calor sofre maior influência do menor coeficiente de convecção. Isso significa que o fluido com menos coeficiente de convecção vai ditar a velocidade de transferência de calor do processo analisado. Essa situação é bastante comum quando temos um processo gás-líquido, pois os gases têm coeficientes de convecção inferiores aos dos líquidos. Para contornar essa situação, podem ser usadas aletas no lado dos gases a fim de aumentar a troca de calor.

6.6 Resistência térmica

Para entendermos o que é a resistência térmica e como ela influencia no processo de transferência de calor, vamos explicá-la matematicamente:

$$\dot{Q}_{cond\,parede} = \frac{T_1 - T_2}{R_{parede}} \quad (W)$$

Em que:

$$R_{parede} = \frac{L}{kA} \quad \left(\frac{K}{W}\right)$$

Sendo:

- R_{parede} = resistência da parede;
- L = espessura da parede;
- k = coeficiente de condução;
- A = área da parede.

Essa equação demonstra a resistência térmica da parede contra a condução de calor, também nomeada de *resistência de condução da parede*. Perceba que a resistência térmica do meio depende da geometria e de suas propriedades térmicas.

Também podemos expressar a resistência térmica do seguinte modo:

$$R_{parede} = \frac{\Delta T}{\dot{Q}_{cond}} \quad \left(\frac{K}{W}\right)$$

Considere a transferência de calor por convecção pela superfície sólida da área A_1 e a temperatura T_1 para um fluido a uma distância bastante longe da superfície de T_∞, com coeficiente de transferência de calor por convecção h.

A taxa de transferência de calor por convecção, segundo a lei de Newton do resfriamento, é expressa por:

$$\dot{Q} = hA(T_1 - T_2) \quad (W)$$

Reorganizando essa equação, temos:

$$\dot{Q} = \frac{T_1 - T_2}{R} \quad (W)$$

6.6.1 Rede de resistência térmica

Vamos imaginar agora um processo de transferência de calor contínuo ou permanente em uma parede plana, de espessura L, área A e condutividade térmica K. Considere que a parede tem convecção em ambos os lados, em que se encontram fluidos em temperaturas T_1 e T_2 com coeficientes de transferência de calor h_1 e h_2, respectivamente. Considerando $T_2 < T_1$, a variação de temperatura ocorre de maneira linear na parede e se aproxima de maneira curvada para dentro dos fluidos enquanto se afasta da parede, conforme mostra a Figura 6.6.

Figura 6.6 – Exemplo de rede de resistência térmica de uma transferência de calor em uma parede com convecção em ambos os lados

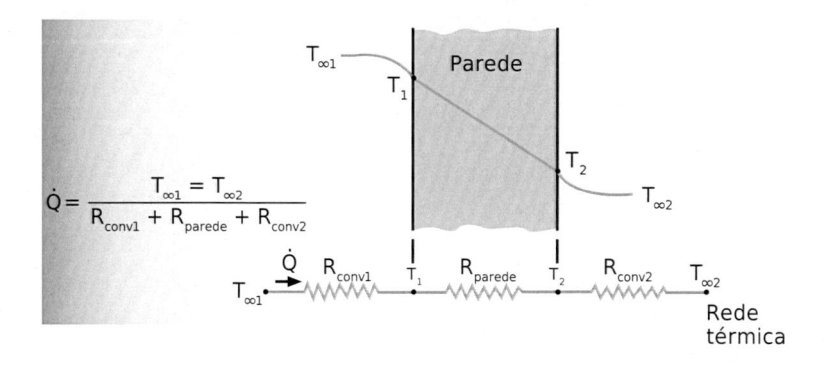

$$\dot{Q} = \frac{T_{\infty 1} = T_{\infty 2}}{R_{conv1} + R_{parede} + R_{conv2}}$$

Fonte: Çengel; Ghajar, 2012, p. 139.

Nessa condição, temos, conforme Çegel e Ghajar (2012, p. 139):

$$\begin{pmatrix} \text{Taxa de convecção de} \\ \text{calor para dentro} \\ \text{da parede} \end{pmatrix} = \begin{pmatrix} \text{Taxa de condução de} \\ \text{calor através} \\ \text{da parede} \end{pmatrix} = \begin{pmatrix} \text{Taxa de} \\ \text{convecção de} \\ \text{calor da parede} \end{pmatrix}$$

Em linguagem matemática:

$$\dot{Q} = h_1 A \left(T_1 - T_2 \right) = kA \frac{T_1 - T_2}{L} = h_2 A \left(T_2 - T_{\infty 2} \right) \ (W)$$

Reorganizando a equação:

$$\dot{Q} = \frac{T_{\infty 1} - T_1}{R_{conv1}} = \frac{T_1 - T_2}{R_{parede}} = \frac{T_2 - T_{\infty 2}}{R_{conv2}} \ (W)$$

Observe que as resistências térmicas estão em série, portanto, a resistência térmica equivalente é determinada pelas simples adições das resistências individuais. Dessa forma, podemos perceber que a taxa de transferência de calor permanente entre duas superfícies é igual à diferença de temperatura dividida pela resistência térmica total entre essas duas superfícies:

$$\dot{Q} = \frac{T_{\infty 1} - T_{\infty 2}}{R_{total}} \quad (W)$$

Paredes planas com mais de uma camada

Agora, vamos conferir a transferência de calor em uma parede composta de duas camadas de materiais diferentes. Tal situação é bastante comum na prática – por exemplo, a parede de uma casa de alvenaria conta com uma camada de isolação.

Nessas situações, o conceito de resistência térmica ainda pode ser utilizado para determinar a taxa de transferência de calor permanente através de uma parede. Pela lógica que vimos até aqui, isso é possível fazendo a ligação das resistências em série. Lembre-se de que o coeficiente de condução de cada parede é L/kA, sendo L a espessura da parede, k o coeficiente de condução do material da parede e A a área da parede em análise.

Para melhor compreensão, vamos considerar uma parede plana constituída de duas camadas. A taxa de transferência de calor permanente através dela é expressa por:

$$\dot{Q} = \frac{T_{\infty 1} - T_{\infty 2}}{R_{total}} \quad (W)$$

Figura 6.7 – Exemplo de rede de resistência térmica de uma transferência de calor em uma parede de duas camadas com convecção em ambos os lados

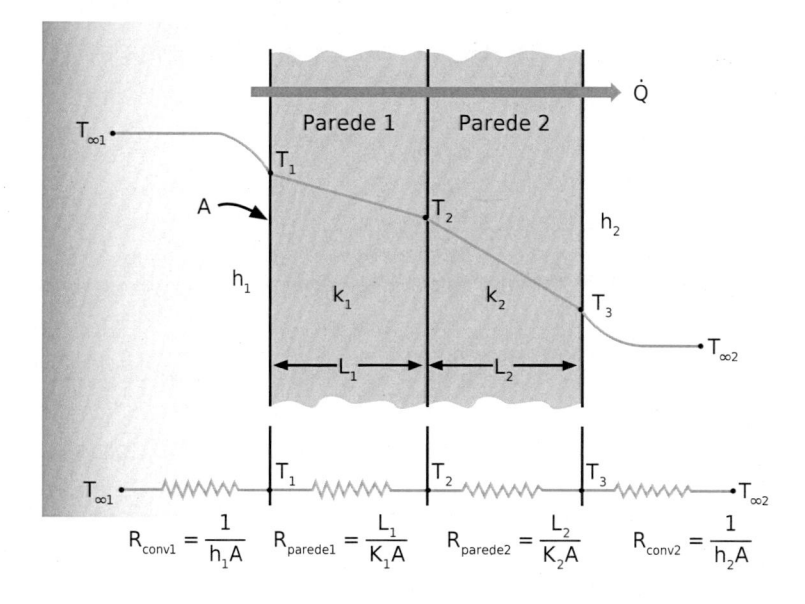

$$R_{conv1} = \frac{1}{h_1 A} \quad R_{parede1} = \frac{L_1}{K_1 A} \quad R_{parede2} = \frac{L_2}{K_2 A} \quad R_{conv2} = \frac{1}{h_2 A}$$

Fonte: Çengel; Ghajar, 2012, p. 141.

Na Figura 6.7, os subscritos 1 e 2 associados a R_{parede} indicam a primeira e a segunda camadas. Com relação à rede de resistência térmica, podemos perceber que as resistências estão em série, sendo, assim, a resistência térmica total a soma das diferentes resistências térmicas no caminho de transferência de calor.

Esse resultado é equivalente ao caso de camada única, o que possibilita depreender que ele pode ser estendido a paredes planas constituídas de três ou mais camadas, com uma resistência adicional para cada camada acrescentada.

O conceito de resistência térmica é bastante utilizado na prática e de fácil compreensão, sendo uma ferramenta bastante útil para a solução de problemas de transferência de calor. Contudo, é importante salientar que só pode ser utilizado nos casos em que a taxa de transferência de calor se mantém constante, ou seja, em regime permanente, no qual não existe geração de calor (Çengel; Ghajar, 2012).

6.7 Seleção de trocadores de calor

Como afirmam Çengel e Ghajar (2012, p. 661-662, grifo do original):

> O aumento de transferência de calor em trocadores de calor é geralmente acompanhado por um **aumento da queda de pressão** e, portanto, uma maior **potência de bombeamento**. Dessa maneira, qualquer ganho no aumento de transferência de calor deve ser ponderado em relação ao custo da queda de pressão que o acompanha [que vai refletir em uma maior potência de bombeamento].

Segundo os autores, também é necessário realizar uma análise sobre qual fluido irá passar através dos tubos e qual fluido irá passar através do casco: "Normalmente, o **fluido mais viscoso é mais apropriado para o lado do casco** [...], e o **fluido com maior pressão, para o lado dos tubos** (Çengel; Ghajar, 2012, p. 662, grifo do original).

Muitas vezes, os engenheiros encontram-se em diferentes situações, nas quais devem selecionar um trocador de calor para determinado processo. O mais comum é que o objetivo seja aquecer ou resfriar um fluido, com vazão mássica e temperatura conhecidas, de uma temperatura inicial até uma temperatura desejada. Nessas condições, podemos encontrar a taxa de transferência de calor no trocador de calor em prospecção por:

$$\dot{Q} = \dot{m}c_p \left(T_{ent} - T_{saida} \right)$$

Um profissional que consultar catálogos de diferentes fabricantes de trocadores de calor provavelmente ficará surpreso com a diversidade de equipamentos disponíveis no mercado. O sucesso da seleção depende da capacidade do profissional de analisar os fatores determinantes de seu projeto (Çengel; Ghajar, 2012). Vamos conferir alguns desses fatores a seguir.

6.7.1 Taxa de transferência de calor

A taxa de transferência de calor é a informação mais importante, pois o trocador de calor deve ter a capacidade de transferir calor a uma taxa específica, que atenda às necessidades e premissas do projeto para o qual o trocador de calor está sendo selecionado. Essa taxa de transferência deve ser capaz de atingir a temperatura requerida no fluido de saída com a vazão mássica esperada (Çengel; Ghajar, 2012).

6.7.2 Custo

Os limites quanto ao custo para aquisição ou confecção do trocador de calor sempre estão presentes nas tomadas de decisão. Os trocadores de calor já existentes no mercado normalmente são mais baratos que aqueles feitos sob medida. Porém, em algumas situações, nenhum dos modelos disponíveis no mercado atende às necessidades do projeto. Tal situação é bastante comum em casos em que o trocador de calor fará parte de outro equipamento.

Os custos gerais de manutenção e operação do trocador de calor devem ser igualmente avaliados e analisados no momento de aquisição e seleção de um equipamento (Çengel; Ghajar, 2012).

6.7.3 Dimensão e peso

Trocadores menores e mais leves, se forem adequados ao projeto, costumam ser mais indicados. Esse requisito é bastante procurado na indústria automobilística e aeroespacial, devido às limitações de peso e tamanho. Outro fator importante é que, na maioria das vezes, trocadores de calor maiores são mais caros. Ainda, o espaço disponível para a instalação do trocador de calor, em alguns casos, possui limitação quanto ao comprimento dos canos (Çengel; Ghajar, 2012).

6.7.4 Potência de bombeamento

Como vimos anteriormente, nos trocadores de calor, os fluidos são forçados a escoar por meio de bombas ou ventiladores, equipamentos que consomem energia elétrica. Assim, o gasto energético é um fator importante a ser considerado na escolha de um equipamento; esse custo é analisado dentro do custo de operação do equipamento. Podemos determinar esse custo anual por meio da seguinte fórmula:

$$\text{Custos operacionais} = \begin{pmatrix} \text{bobeamento de} \\ \text{energia, KW} \end{pmatrix} \cdot \begin{pmatrix} \text{horário de} \\ \text{funcionamento, h} \end{pmatrix} \times \begin{pmatrix} \text{Custo unitário de} \\ \text{energia elétrica R\$/KWh} \end{pmatrix}$$

Nessa situação, a potência de bombeamento é a potência elétrica total consumida pelos motores das bombas e dos ventiladores (Çengel; Ghajar, 2012).

6.7.5 Materiais

Os materiais utilizados na construção de um trocador de calor influenciam em diversos aspecto. Por exemplo, os efeitos das tensões térmicas e estruturais não são considerados para pressões menores que 15 atm ou temperaturas inferiores a 150°C, mas importantes em situações com pressão acima de 70 atm e temperaturas acima de 550°C.

Uma diferença de temperatura de 50°C ou mais entre os tubos e o casco pode causar problemas de expansão térmica. Em caso de fluidos corrosivos, pode acontecer de ser necessário selecionar materiais resistentes à corrosão, fator que impacta diretamente no custo, em razão de seus altos preços.

Obviamente, existem diversas considerações importantes, mas buscamos tratar aqui das mais específicas ao tema. No entanto, vale destacar que aspectos como facilidade de reparo, baixo custo de manutenção, segurança, confiabilidade e nível de ruído devem ser considerados de acordo a demanda de uso. Um trocador de calor no qual circularão fluidos tóxicos ou caros, por exemplo, deve ser estanque, pois, em caso de vazamento, os fluidos ficam contidos em um recipiente de segurança.

Considerações finais

Buscando superar os desafios da transmissão do conhecimento proposto nesta obra, optamos por referenciar aqui uma parcela significativa da literatura especializada e dos estudos científicos a respeito dos temas abordados. Além disso, procuramos oferecer aportes práticos sobre a física industrial.

Assim, a primeira decisão foi trazer, de forma introdutória, a importância da física industrial para a evolução da tecnologia, da economia e da sociedade como um todo. Em seguida, aprofundamo-nos em conteúdos específicos.

Nessa jornada, foi possível perceber que a física industrial, por meio de seus princípios, tem o objetivo de fornecer os elementos necessários a todas as disciplinas tecnológicas.

Esperamos, assim, ter contribuído para a formação e a aquisição de conhecimentos de estudantes e pesquisadores que ousam se aventurar pelo mundo da física industrial.

Referências

ARAUJO, E. C. da C. **Trocadores de calor**. São Carlos: EdUFSCar, 2002. (Série Apontamentos).

BARBOSA, G. P. **Operações da indústria química**: princípios, processos e aplicações. São Paulo: Érica, 2015. Ebook. (Série Eixos).

BIRD, R. B.; STEWART, W. E.; LIGHTFOOT, E. N. **Fenômenos de transporte**. Tradução de Affonso Silva Telles et al. 2. ed. Rio de Janeiro: LTC, 2004.

BRUNETTI, F. **Mecânica dos fluidos**. 2. ed. São Paulo: Pearson, 2008.

CALDAS, J. N. et al. **Internos de torres**: pratos & recheios. 2. ed. Rio de Janeiro: Interciência, 2007.

ÇENGEL, Y. A.; GHAJAR, A. J. **Transferência de calor e massa**: uma abordagem prática. Tradução de Fátima A. M. Lino. 4. ed. Porto Alegre: AMGH, 2012.

COSTA, E. C. da. **Física industrial**: termodinâmica. Rio de Janeiro: Globo, 1971. (Coleção Enciclopédia Técnica Universal, tomo I, parte I).

CREMASCO, M. A. **Operações unitárias em sistemas particulados e fluidomecânicos**. 2. ed. São Paulo: Blucher, 2014.

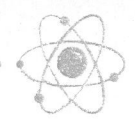

CRUZ, C. H. de B. Física e indústria no Brasil. **Ciência e Cultura**, São Paulo, v. 57, n. 3, p. 47-50, jul./set. 2005. Disponível em: <http://cienciaecultura.bvs.br/scielo.php?script=sci_arttext&pid=S0009-67252005000300021>. Acesso em: 4 abr. 2022.

DOBLE, M.; KRUTHIVENTI, A. K. Process and Operations. In: DOBLE, M.; KRUTHIVENTI, A. K. **Green Chemistry and Engineering**. Cambridge: Academis Press, 2007. p. 105-170. Disponível em: <https://www.sciencedirect.com/topics/earth-and-planetary-sciences/heat-exchanger>. Acesso em: 25 jan. 2022.

FONSECA, V. F. da M. L. **Agitação e mistura**. Universidade de São Paulo – Escola de Engenharia de Lorena, Departamento de Engenharia Química. Apostila da disciplina de Operações Unitárias I. São Paulo: Lorena, 2019. Disponível em: <https://edisciplinas.usp.br/pluginfile.php/4601215/mod_resource/content/0/Apostila%20de%20Opera%C3%A7%C3%B5es%20Unit%C3%A1rias%20I%20-%20Agita%C3%A7%C3%A3o%20e%20Mistura_rev_mar_2019.pdf>. Acesso em: 16 mar. 2022.

FOX, R. W.; MCDONALD, A. T.; PRITCHARD, P. J. **Introdução à mecânica dos fluidos**. Tradução de Ricardo Nicolau Nassar Koury e Luiz Machado. 8. ed. Rio de Janeiro: LTC, 2011.

FRANCISCO, A. S. **Fenômenos de transporte**. Rio de Janeiro: Fundação Cecierj, 2018. Disponível em: <https://canal.cecierj.edu.br/052019/4b005cac98b57b90ab0d49ceb531a617.pdf>. Acesso em: 4 abr. 2022.

FREITAS, G. H. S.; PASSOS, W. E. **Introdução à fenômenos de transporte**. [S.l.]: [s. n.], 2019. Ebook.

FRONT & CENTER. **Impeller vs. Agitator Washer**: Which Should You Pick? Disponível em: <https://blog.rentacenter.com/impeller-vs-agitator-washer/>. Acesso em: 25 jan. 2022.

GOMIDE, R. **Operações unitárias**. São Paulo: Edição do autor, 1983. v. 1: Operações com sistemas sólidos granulares.

INCROPERA, F. P. et al. **Fundamentos de transferência de calor e de massa**. Tradução de Eduardo Mach Queiroz e Fernando Luiz Pellegrini Pessoa. 6. ed. Rio de Janeiro: LTC, 2008.

ISENMANN, A. F. **Operações unitárias na indústria química**. 2. ed. Timóteo: Edição do autor, 2013.

KAKAÇ, S.; LIU, H.; PRAMUANJAROENKIJ, A. **Heat Exchangers**: Selection, Rating, and Thermal Design. 4. ed. Boca Raton: CRC Press, 2020.

LIVI, C. P. **Fundamentos de fenômenos de transporte**: um texto para cursos básicos. Rio de Janeiro: LTC, 2004.

SANTOS, A. C. et al. **Operações unitárias industriais**. São Paulo: Senai, 1987.

THERMEX. **What is a Heat Exchanger?** Disponível em: <http://thermex.co.uk/news/blog/160-what-is-a-heat-exchanger/#:~:text=Put%20simply%2C%20a%20heat%20exchanger,to%20heat%20the%20pool%20water>. Acesso em: 25 jan. 2022.

WHITE, F. M. **Mecânica dos fluidos**. Tradução de Mario Moro Fecchio e Nelson Manzanares Filho. 6. ed. Porto Alegre: AMGH, 2011.

Sobre os autores

Diovana de Mello Lalis é doutora, mestre e graduada em Física pela Universidade Federal de Santa Maria (UFSM), pela Universidade do Estado de Santa Catarina (Udesc) e pela UFSM, respectivamente. Atua como professora do curso de Engenharia de Produção da Unidade Central de Educação Faem Faculdade (UCEFF) do Estado de Santa Catarina. Tem experiência na área de supercondutores e sistemas fortemente correlacionados.

Andrew Schaedler tem MBA em Gerenciamento de Projetos pela Fundação Getúlio Vargas e é graduado em Engenharia Mecânica pela Pontifícia Universidade Católica do Rio Grande do Sul (PUCRS).

Impressão
Julho/2022